東西南北「方位」の世界史

Four Points of the Compass
The Unexpected History of Direction

Jerry Brotton

ジェリー・ブロトン 著
米山裕子 訳

河出書房新社

1. 『ブルー・マーブル』。1972年12月 7 日、NASA のアポロ17号乗組員がミッション中に撮影した写真。南を上にした左の写真が撮影したときのままのオリジナル（左）。北を上にした右の一枚は、NASA が公式発表したもの。

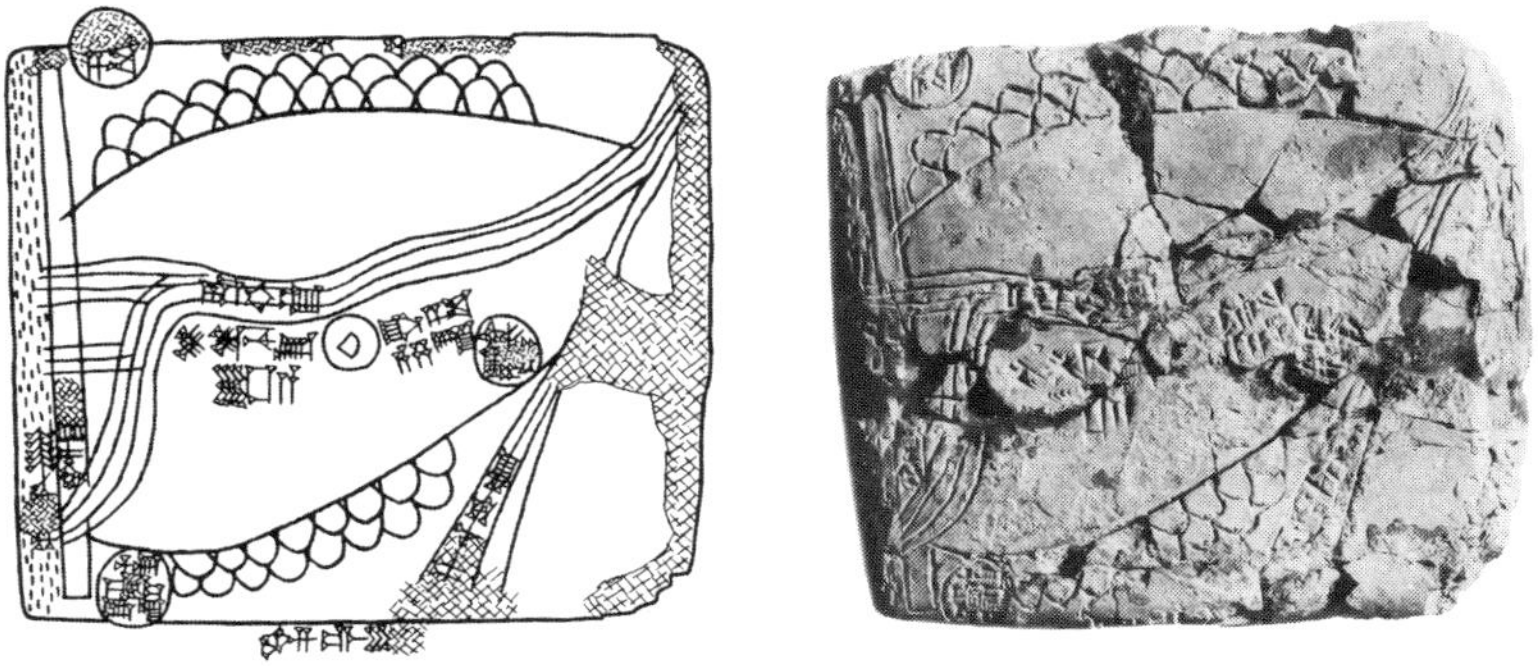

2. 『ガスール地図』。ヨルガン・テペ（現在のイラク）で出土した粘土板（左は右写真のトレース図）。左上の円形の部分に、東を意味するイム・クル、右下に西を意味するイム・マル・トゥという方位名が刻まれている（紀元前2300年頃）。

3. 先コロンブス期のアステカの方位が示された絵文書。東（トラパラン）を上に、時計回りに、南（ウイツランパ）、西（シワトランパ）、北（ミクトランパ）と、方位が描かれている。

4.　アテネの『風の塔』。左から、南西の風リプス、南の風ノトス、南東の風エウロス（紀元前100年頃）。

5.　中国の羅針盤。針が南を向くため「司南」とも呼ばれる。

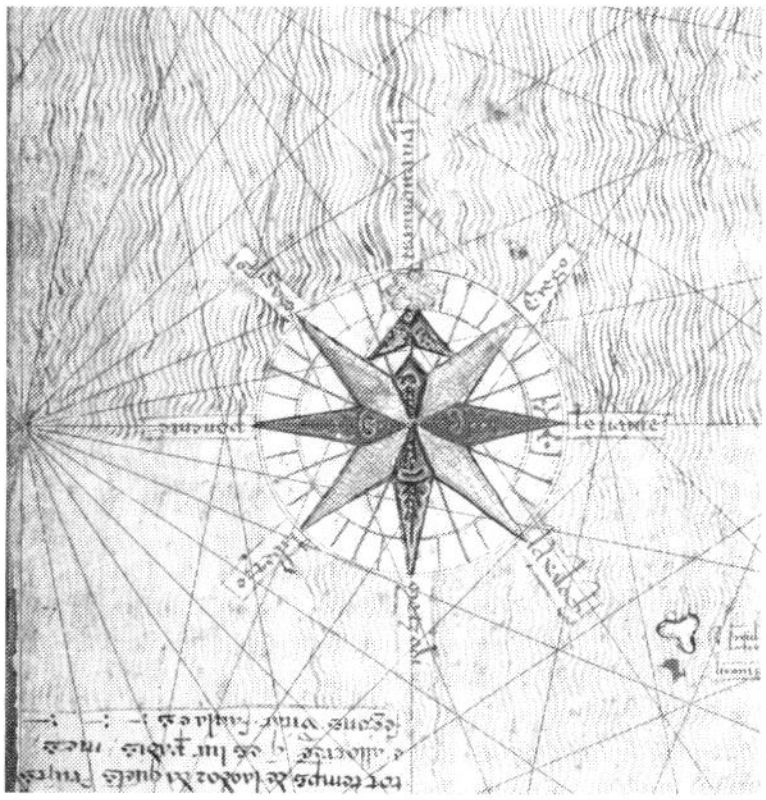

6.　アブラハム・クレスケス『カタロニア地図』（1375年）に記された最古のコンパス・ローズ。ラテン語から派生した言葉で八方位が記されている。上から時計回りにトラモンターナ（北）、グレコ（北東）、レヴァンテ（東）、ラクサロック（南東）、メツォディ（南）、リベッツォ（南西）、ポネンテ（西）、マジストロ（北西）。

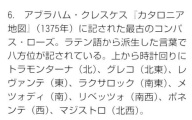

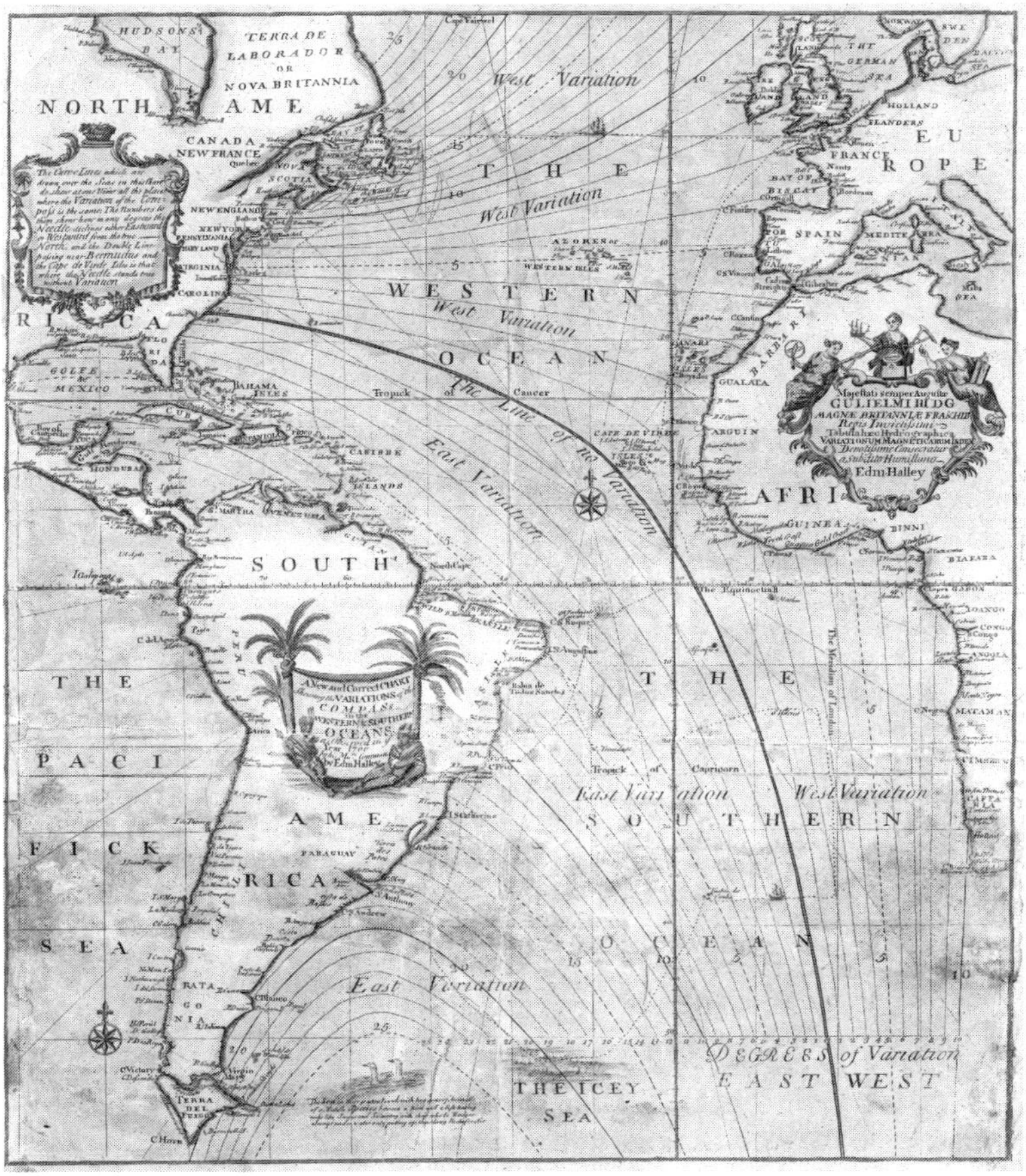

7.　エドモンド・ハレー『陛下のご命令により1700年に観測された西と南の海洋におけるコンパスの偏角を示す新しく正確な海図』（1701年）。王立地理学会所蔵。

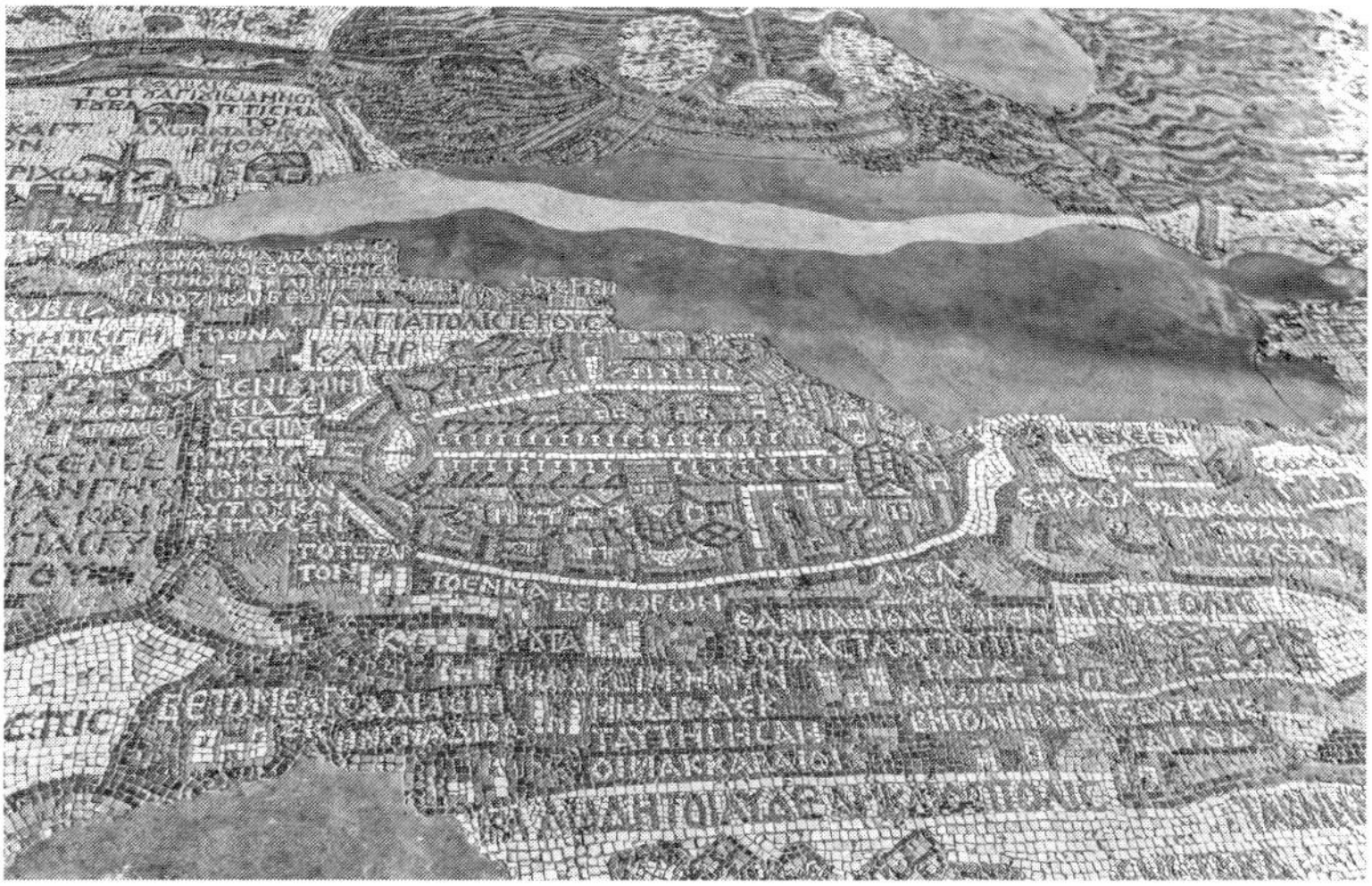

8.　エルサレムが描かれた、ヨルダン、聖ジョージ教会の『マダバのモザイク地図』の一部。この地図は東を上に、テッセラというサイコロ状の小片を並べて描かれている（560年頃）。

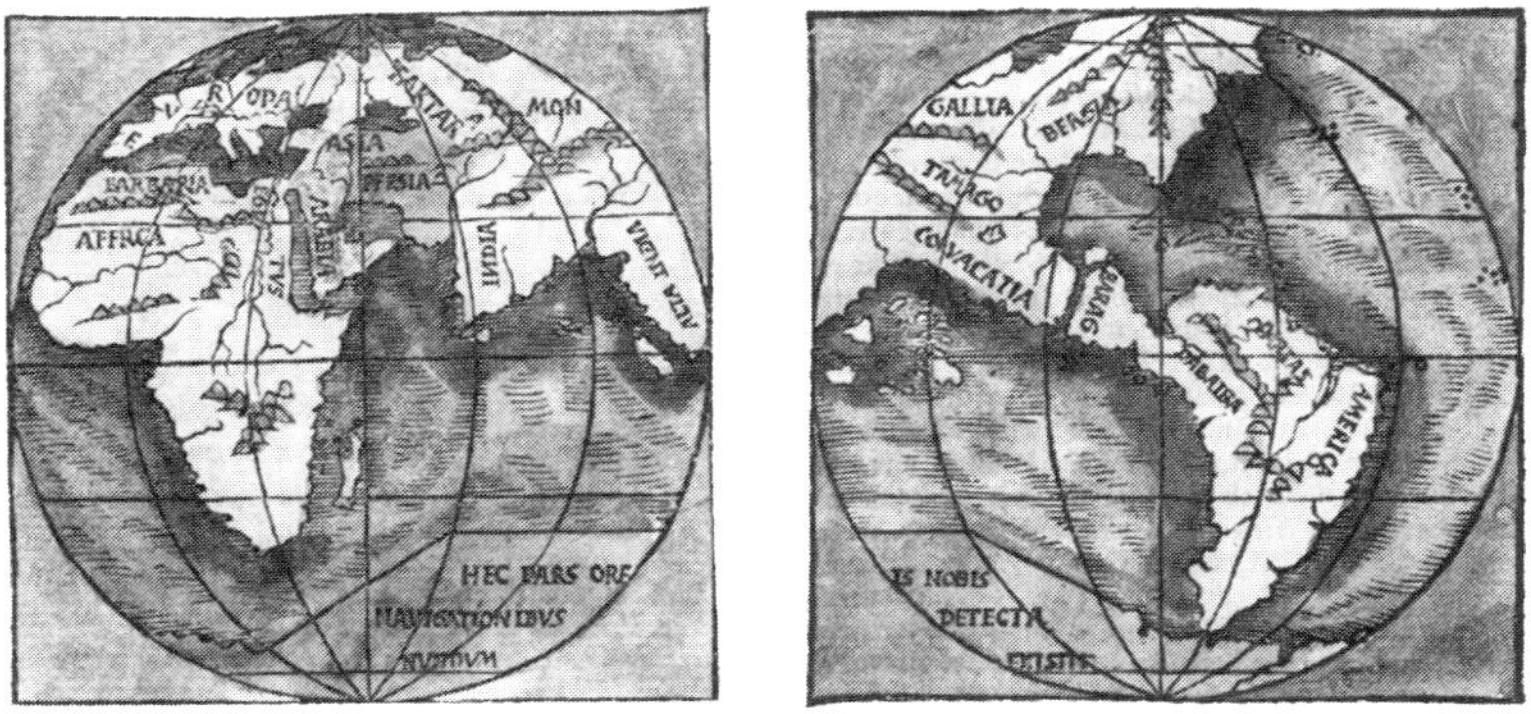

9.　フランキスクス・モナクス『二つの半球』。知られている最古の双半球型地図で、スペインが支配する西半球とポルトガルが支配する東半球に分けて描かれている。木版画（1524年）。

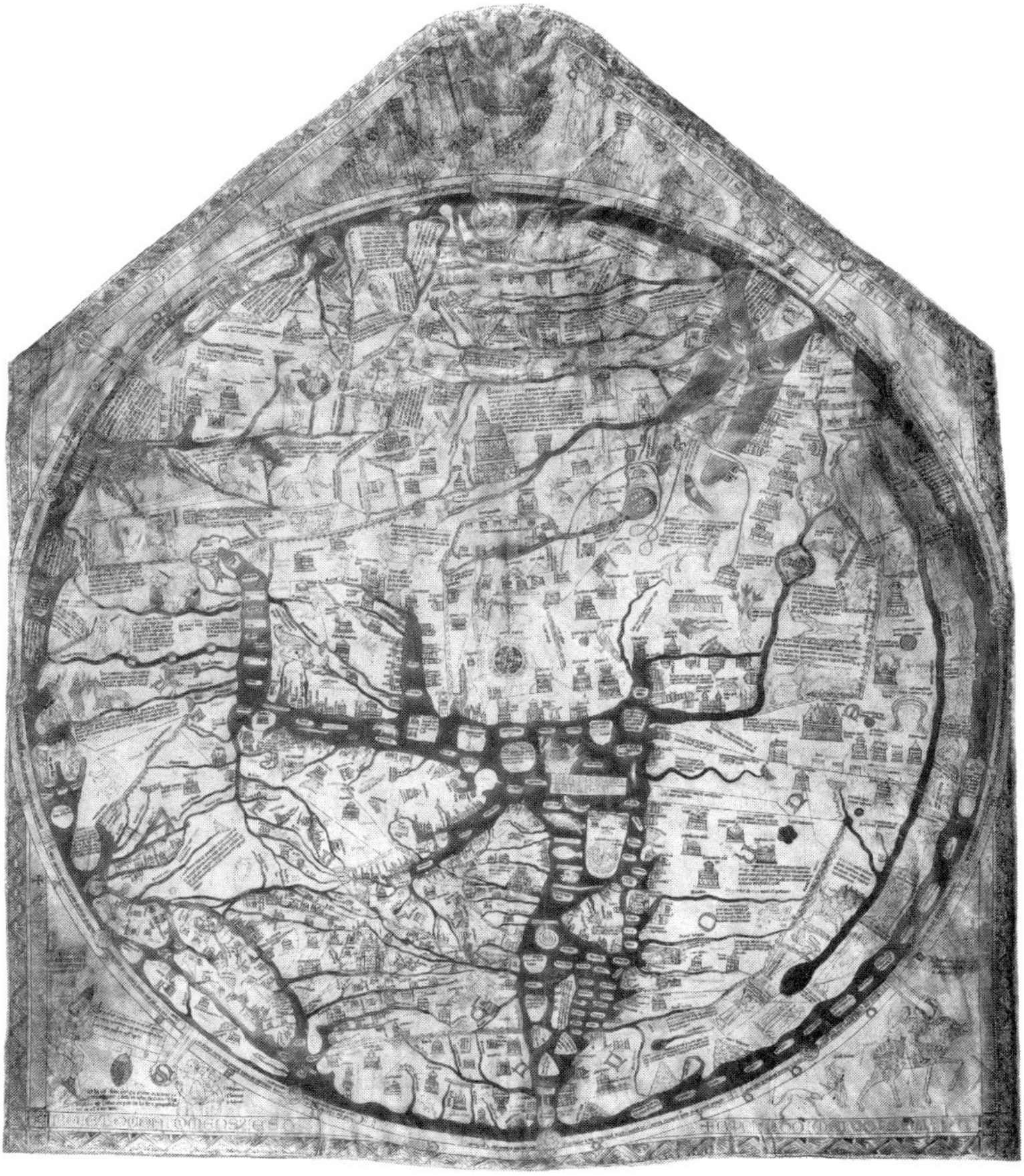

10. 『ヘレフォード大聖堂のマッパ・ムンディ』。東のエデンの園が上に置かれ、右の南方には異形の種族が描かれている（1300年頃）。

11.　エジプトの宇宙観を表す地図。上エジプトにあたる方位の南を上にして描かれている。サッカラより出土した第30王朝の石棺の蓋に刻まれたもの（紀元前350年頃）。

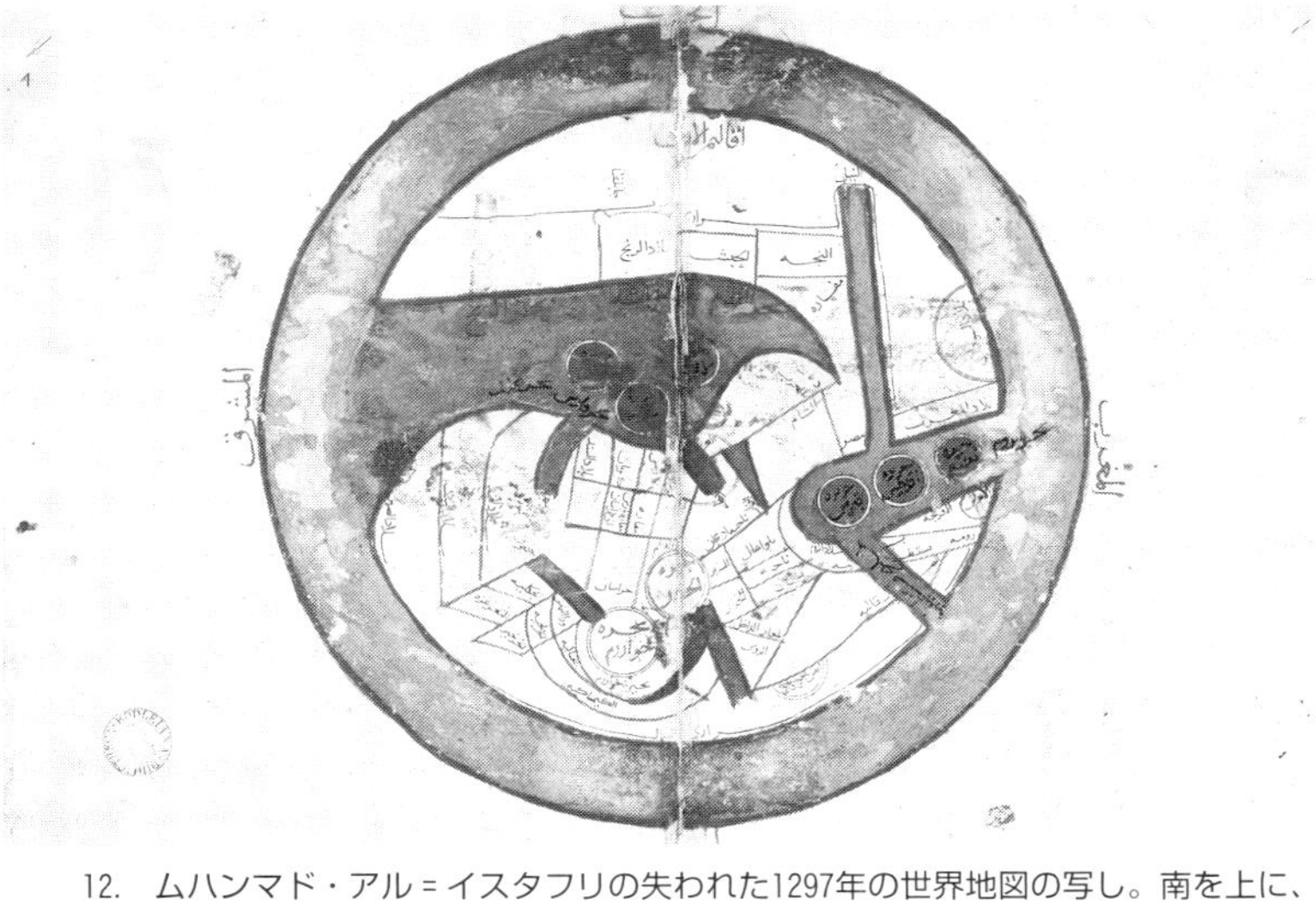

12.　ムハンマド・アル＝イスタフリの失われた1297年の世界地図の写し。南を上に、中央にアラビア半島が描かれている。

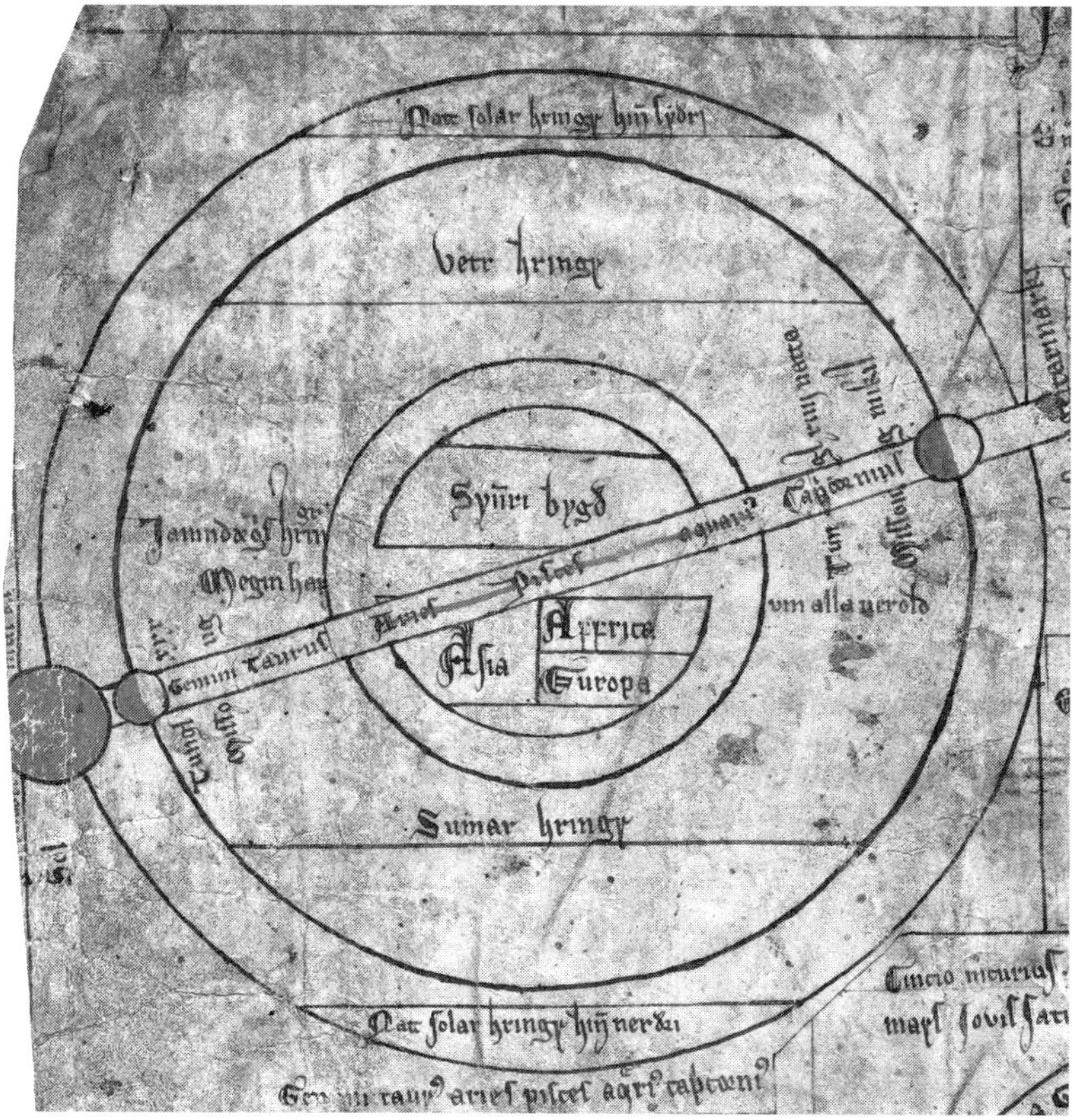

13.　作者不詳のアイスランドの半球型世界地図（1300年頃）。南を上にし、アジアは左に、ヨーロッパとアフリカは右に描かれている。

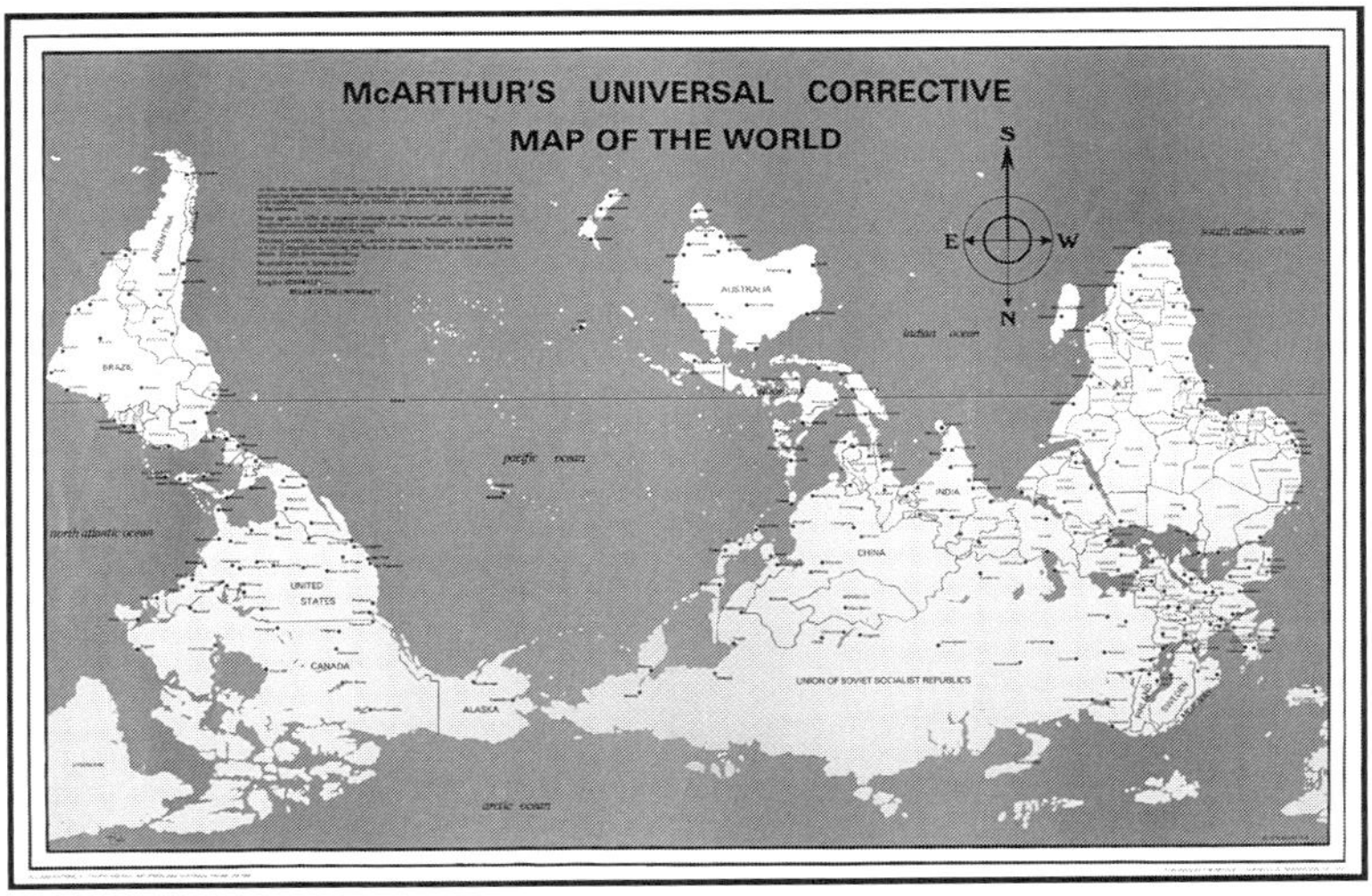

14.　スチュアート・マッカーサー『普遍的修正世界地図』。南とオーストラリアを上に据えている（1979年）。

15.　次頁　バッティスタ・アグネーゼの世界地図（1543～4年）に描かれた南を示す黒人のウインドヘッド。地図は北を上に描かれ、マゼランの世界一周（1519～22年）の航路が記されている。

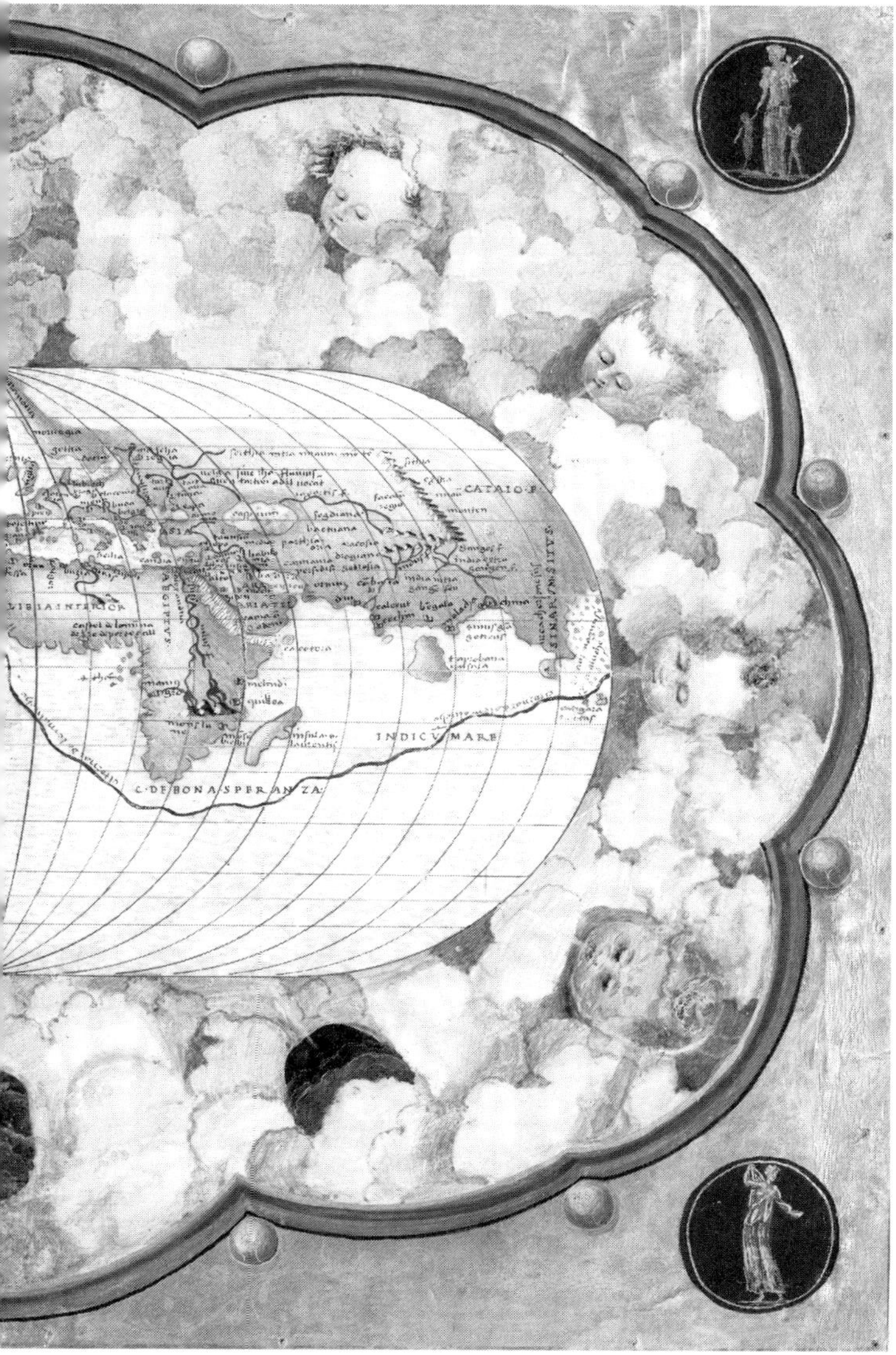
CATAIO
INDICVM MARE
C·DE BONA SPERANZA

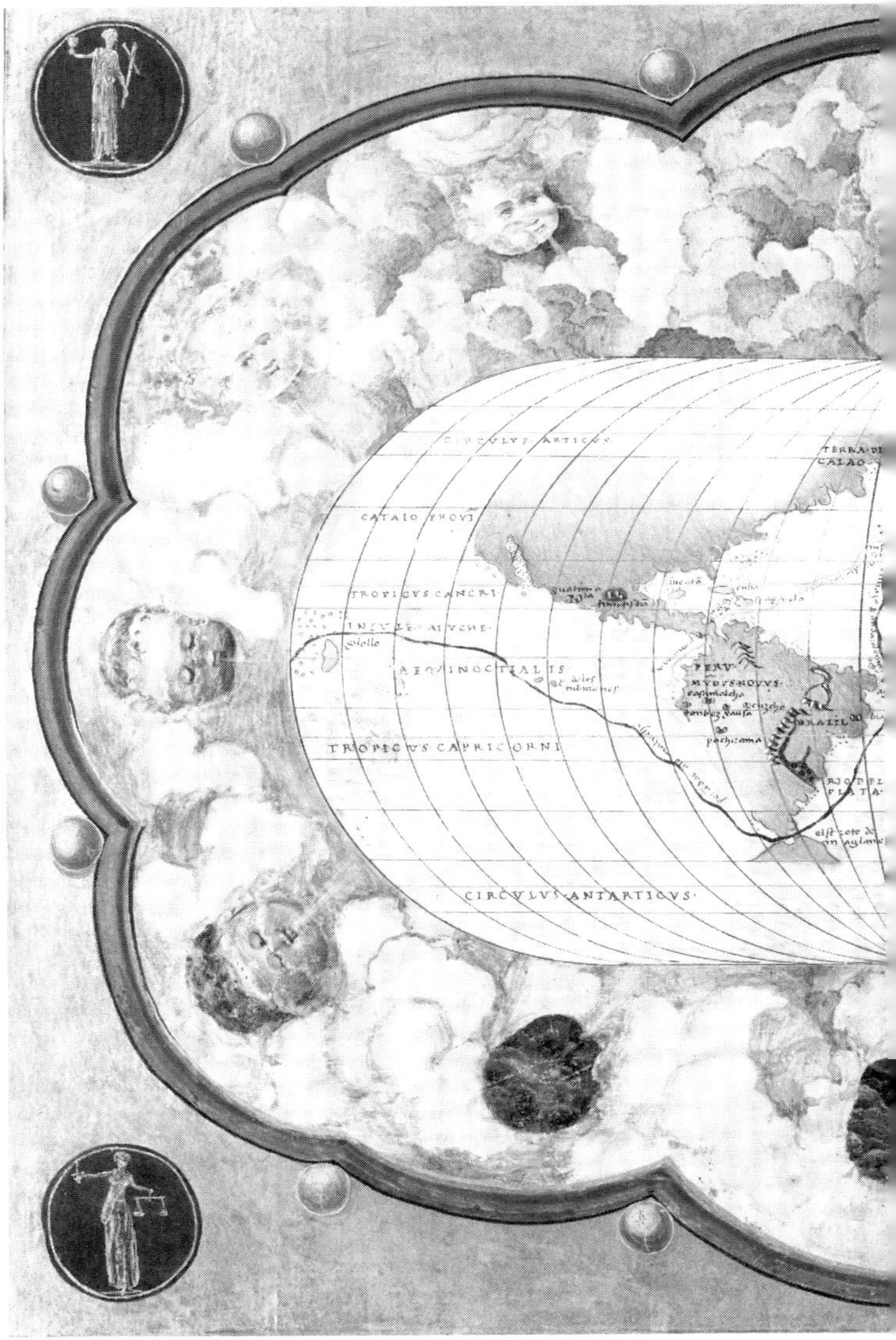
CIRCVLVS ARTICVS
CATAIO PROVI
TROPICVS CANCRI
AEQVINOCTIALIS
PERV
MVNDVS NOVVS
BRAZIL
TROPICVS CAPRICORNI
CIRCVLVS ANTARTICVS
cuba

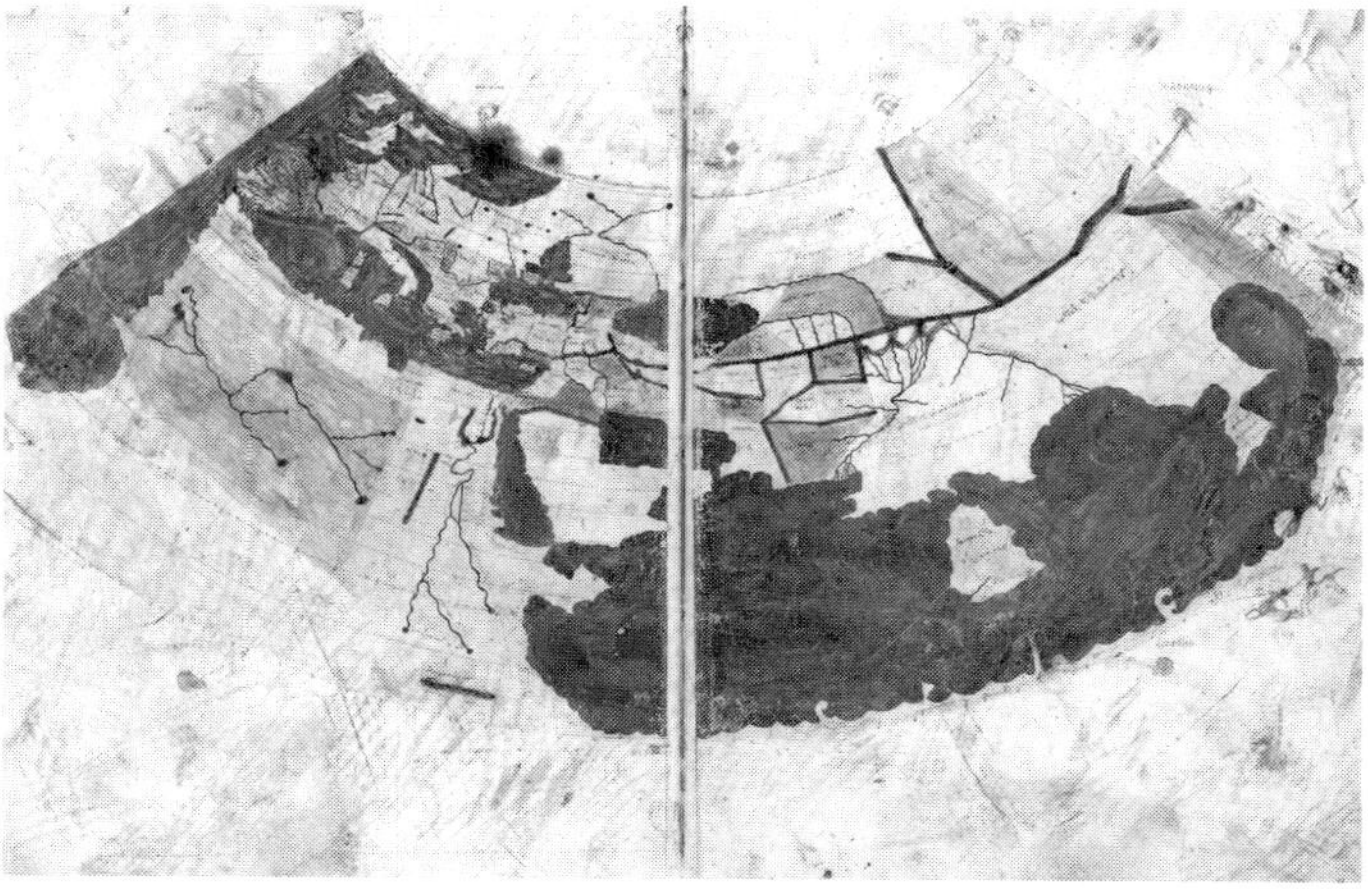

16.　プトレマイオス『ゲオグラフィア』の最古の写本のひとつに記された作者不詳のビザンティン帝国時代の世界地図（13世紀）。北を上にしている。バチカン図書館所蔵。

17.　メルカトルの世界地図（1569年）の左下部分。北を上にして地図を描くことに決定的な影響を与えたが、その理由は東西の航行に焦点を当てたためだった。

18.　フランス・ホーゲンベルフが描いた『ゲラルドゥス・メルカトルの肖像』。手にした両脚規を地球儀の北極に当てている（1574年）。

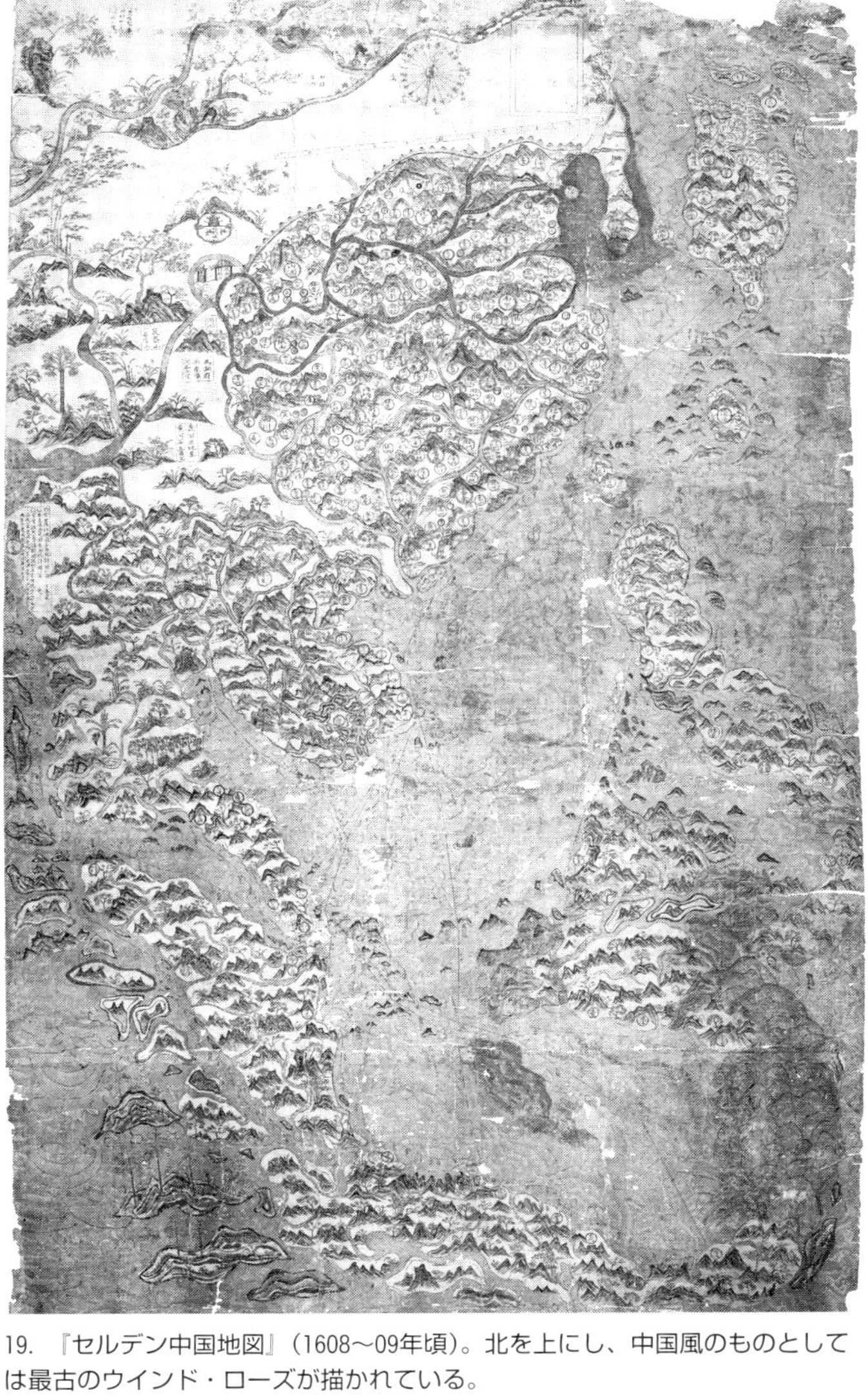

19.『セルデン中国地図』(1608～09年頃)。北を上にし、中国風のものとしては最古のウインド・ローズが描かれている。

20. 『フアン・デ・ラ・コーサの世界地図』(1500年代)。西を上にした数少ない世界地図のひとつ。デ・ラ・コーサは、コロンブスによるアメリカへの最初の航海(1492年)に同行した。

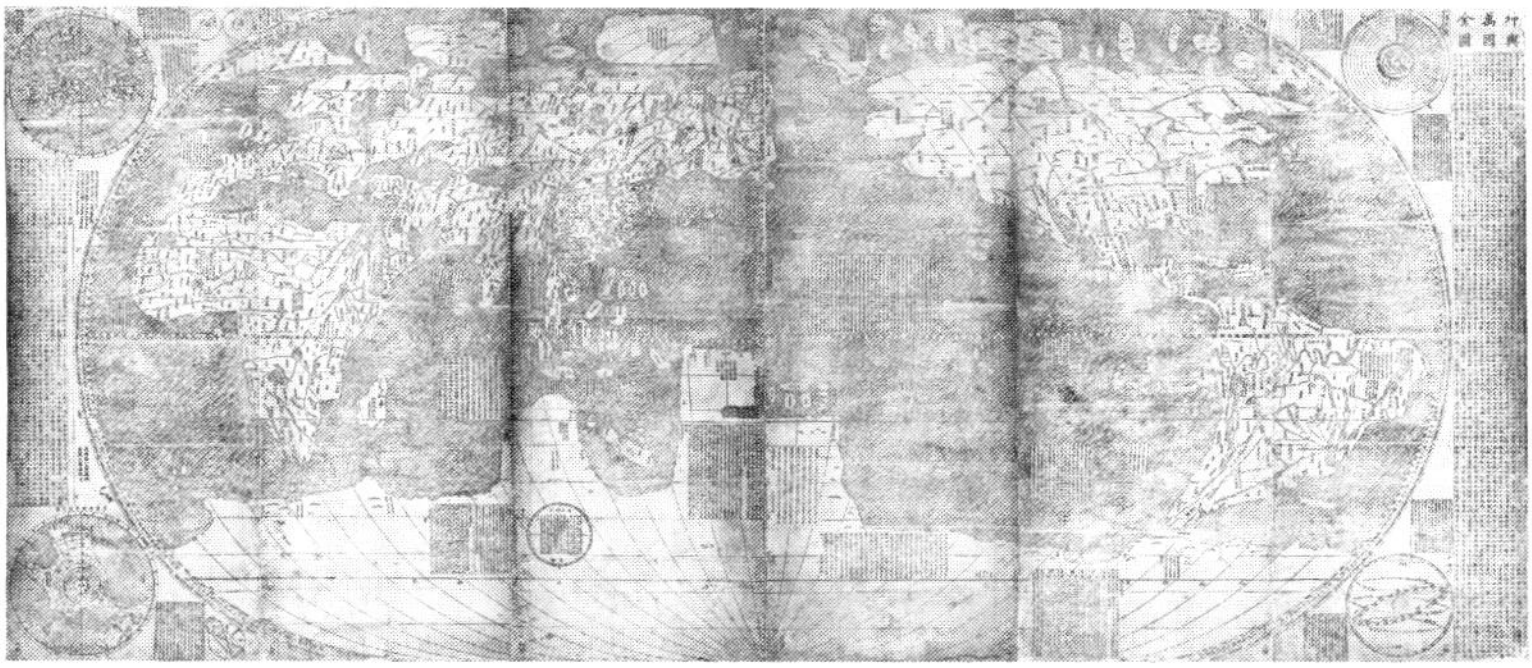

21.　マテオ・リッチ作『坤輿万国全図』。北を上にし、ヨーロッパを含む「大西」が左に描かれている（1602年）。

22.　エマヌエル・ロイツェ作『帝国の道は西へつづく』（1862年）。中心をなす人物たちは西方のオレゴンやカリフォルニアのほうを向いている。彼らの目的地であるサンフランシスコ湾が下部の小画面（プレデッラ）に描かれている。

東西南北「方位」の世界史

東西南北「方位」の世界史——目　次

わたしたちは生きている……（中略）……選んだ虚構にもとづいた人生を。わたしたちの見る現実は——自身の性格に左右されると思いたいところだがそうではなく——時空の中のどこにいるかによって違ってくる。それゆえ現実の解釈はことごとく、その特定の位置によるものだ。二歩東に行けば、あるいは二歩西に歩めば、何もかもすべてが変わってくる。

ロレンス・ダレル『アレクサンドリア四重奏』（一九五七〜七〇年）

わが人生の道半ばで
いつしか暗い森の中にあり
正しき道を見失いしがために

ダンテ『神曲——地獄篇』第一曲　一〜三行目

最善の指針
ペン・ウッズに

オリエンテーション

ブルー・マーブル

丸い地球の全体像を眺められるほど宇宙を遠くまで旅した人間は、これまでに二四人しかいない。この星からおよそ三万キロ離れ、地球と太陽のあいだを通過するところで初めて、丸く輝く地球を見ることができる。極軌道をたどっているとき、彼ら宇宙飛行士は、北極の上空から、回転軸を中心に反時計回り、つまり、西から東へと回っている地球を見下ろすことになる。この回転は順行運動といい、この太陽系のほとんどの惑星と同じように、太陽の自転と同じ向きに回ることをそう呼ぶ。順行運動は、太陽や星々が最初に形作られるもととなったガスと塵《ちり》の雲の勢いによって引き起こされる。この太陽系が形作られたとき、くるくる回る塵が集まってひと塊《かたまり》になったあと、やがて分かれてそれぞれの惑星となり、その後も同じ順行、つまり反時計回りに回りつづけているのだ（海王星と金星だけが例外で逆行方向に自転しているが、その理由は誰にもわからない）。自転する地球を眺める宇宙飛行士も、北極から南極へ、中心を貫く回転軸を想像することができただろう。北と南、東と西――頭のなかで地球を描こうと、実際に宇宙からそれを見下ろそうと、この四つの主要方位ほど自然で普遍的なものはないと思える。

ところが一九七二年十二月七日、一人の宇宙飛行士が撮影した地球の写真の向きはまったく違っていた。ユージン・A・サーナン、ロナルド・E・エヴァンス、ハリソン・H・シュミット――三人の宇宙飛行士を乗せたNASAアポロ17号に課せられた任務は、人が月に降り立つこと。有人月面着陸を目的とした宇宙計画は、これが最後になった。宇宙船発射後およそ五時間を超え、地球から二万九〇〇〇キロの地点まできたところで、乗組員の一人が窓から外を見て、わたしたちの惑星が太陽の光を浴びて丸く輝いているのに気づいた。彼はこの任務のために特別に用意された科学機器のひとつ、ハッセルブラッド・カメラに手を伸ばし、それぞれ一分以内の間隔で、四枚の写真を撮影した。最初の一枚を撮ったあとに露出を調節し、二枚目ではよりくっきりとした鮮明な画像を撮ることができた。そこに収められたのは、息を呑むような地球の姿だった。紺碧《こんぺき》の海に輝きながら渦を巻く白い雲、中央アフリカやマダガスカル島の熱帯雨林の青々とした緑地の帯が、乾いたアラビア半島とコントラストをなし、雪のように白い南極が美しくも儚《はかな》いこの世界を優しく包んでいる。その後、三人の宇宙飛行士はいずれも自分が撮影したと主張した。そう言いたくなるのも無理はない。この写真はほどなくして、人類史上最も有名で、最も多く再利用された画像となった。ＮＡＳＡはこの写真にＡＳ１７−１４８−２２７２７の公式名称を与え、撮影者は乗組員全員とした。写真はたちまち、丸い地球を写した最初の――そして人の手で撮影されたものとしては唯一の――写真として、「青いビー玉《ブルー・マーブル》」のニックネームで知られるようになった。ＮＡＳＡがこの写真を発表するや、即座に世界的な大反響が巻き起こった。宇宙から初めて撮影された地球は、茫漠《ぼうばく》たる闇《やみ》の虚空を背景にした美しい青い星だった。それを目の当《ま》たりにし、そこに住む人類全体としての孤独と儚さを感じた人々は、環境運動へと突き動かされた。いきおい、全人類一丸となろう、わたしたちの星に対する責任をもう一度考え直し、自然環境に対して謙虚になろうという機運が高まった。

じつを言うと、ＮＡＳＡがひとまず写真を現像したところで、ちょっとした問題が持ち上がっていた。

その地球は雲に包まれた南極がフレームの上にくるように撮られていたのだ。アフリカ大陸が真ん中にあり、アラビア半島は一番下になっていた。カメラを持った宇宙飛行士自身は、シャッターを押した瞬間無重力空間にいて、上下の感覚すらなかった。世界の向きはこうであるはずという見る人の期待を裏切ってはいけないということで、ＮＡＳＡはその画像を逆転させることにした。北極が上で南極が下という多くの人の思い込みに合わせたのだ。文字通り世界は逆転した。しかしそもそも、どっちが上であるべきなのだろう？　世界一複製された画像にまつわるこの話は、たとえ宇宙から眺めようと、地球の絶対的な方向を定める世界共通の枠組みなど存在しないのだということを教えてくれる。四方位のすべては、あなたの視点からのみ理解することができる。そしてその視点は、あなたが地球上の、あるいはその上空のどこにいるかによって変わってくるのだ。アポロ17号の写真で図らずもそうなったように、北極から南極へ貫く地軸を逆にし、上下を入れ替えると、地球は時計回りに回転しているように見える。[1]

「ブルー・マーブル」に対するＮＡＳＡの対応からもわかるように、現代社会の大半では、思考のうえでも画像のうえでも、北を上にして地理をとらえる傾向にある。しかしいつの時代もそうだったわけではない。さらに現代でも、南や東を最重要方位とする社会もあり、その言語や信仰が、そうした方向性に反映されている。四方位を表す、一見シンプルで万国共通に受け入れられているかに見える言葉は、じつはわたしたちが思っているよりもはるかに主観的で、時間や場所や言語や文化によって左右されるものなのだ。現代の世界地図で（あるいは写真で）北が上にこなければならない理由はなにひとつない。南だってまったく問題ないはずだ。しかしなぜ北が勝利を収めることになったか、その物語こそが、本書の核心なのである。

*

主要方位（カーディナル・ダイレクション）というのは、あくまでも相対的な言葉なのだが、何世紀にもわたってそれは、単に自分が世界のどこにいるかだけでなく、自分が何者なのかを示す指標になってきた。初期の文明では、自分たちをごく近い環境のなかで位置づけていた。地球上のどこで暮らしていようと、人は太陽の昇る方角を眺めることができる。多くの文化ではそれを「東」、またはそのバリエーションで呼び、太陽の沈んでゆく方角を「西」と呼んだ。東から西への線は、天空を横切る太陽を眺めることによって理解できるので、おそらくはこれが人類にとっての最初の主軸だったのだろう。太陽崇拝は、古代エジプトの太陽にまつわる神々にも見ることができる。昇る太陽ホルス、天頂の太陽ラー、そして死にゆく太陽つまり日没のオシリスである。地球の反対側のインカでも太陽を崇《あが》める信仰があった。ペルーのマチュピチュ遺跡には、インティ・ワタナ（直訳すると「太陽をつなぎ止める場所」）と呼ばれる観測のための石柱があり、これはインティ・ライミという冬至《とうじ》の祭の際の太陽の通過位置を示している。しかしこの水平の軸につづき、太陽や星々の動きを眺めるうちに、北と南を結ぶ垂直の軸もあることがわかってくる。北半球では、正午には太陽は真南に位置し、南半球では真北に位置する。南北の軸はまた、夜空の星を眺めることでも水平線との位置関係が確認できる。北半球に住んでいれば、星空を見上げ、ポラリスつまり北極星を頼りに北を見つけることができる。北の反対で南がわかる。南半球に住んでいるなら、その方角はポラリス・アウストラリスつまり南極星（はちぶんぎ座σ星）によって特定できる。東西の水平の軸と南北の垂直の軸、この二つの軸を合わせて、四つの主要方位（カーディナル・ダイレクション）が出来上がる。

カーディナルという英語は、「要《かなめ》」すなわち重要かつ基本的な物を意味するラテン語のカルディナリスに由来する。つまり主要方位は、方向を定める際のよりどころとなる中心的要素、あるいは定点や原点を意味することになる。しかし、「要」が時にそうであるように、それらは前後にずれることもある相対的なもので、場合によっては、まったく逆を意味することもある。これこそが主要方位につきもののパラドックスなのだ。主要方位は、地球に備わった天然自然のものに見えて、実際には人が作り出した文化的なものなのである。世界中のほぼすべての社会に存在しながら、わたしたちがどこにいてどの言語を使うかによって、まったく正反対の意味を持つこともありうる。

方位磁針《コンパス》は、磁気を帯びた針が地球の磁場と一直線に並ぶことによって方位を示すものだが、主要方位はこれよりも前から存在していた。古代の主要方位は、古代の天体観測や物理的な方位感覚、風などを含む気象学的な経験の組み合わせにもとづいたものだったのだ。目に見えてシンプルでいて絶対的なこの識別システムによって、人間はいかに周囲の空間に調和して動いていくかという基本的な目安を得ることができた。方位がなければ、わたしたちは迷ってばかりだっただろう。

四方位には物理的な現実がある。太陽が昇り、沈むのを見て、わたしたちはそれを東と西と名づける。真昼の太陽や北極星の位置を見て、あるいは磁気コンパスを見て、その方角が北だとか（あるいはその反対であることから）南だとか定めることができる。それぞれの方位は、それを示す言葉がなければ無意味だ。誰かがある方角を指さして「こっちが東だ」（あるいは他のどの方角でもいいが）と言ったとしよう。後述するように、ひとたび言葉が四方位に紐《ひも》づけられると、その使い方の規則や意味が確立されるものの、それは時の流れとともにずれたり変化したりして、異なった社会では、方角を表すそれぞれの言葉が違った意味を――場合によってはまったく逆の意味を――持つようになることもある。それはその集団が自然界とそれを表すこれらの言葉をどのように変え、それに対していかに適応してきたかによるのだ。

言語は進化と解釈をともなうものだが、四方位もまた同じである。星を目印にしたのか、地図から導き出したのか、コンパスで測ったのかによって「北」は時の流れとともに変わってきた（これについてはのちほど詳しく説明する）。「北」という言葉が、時を超えてひとつの物やひとつの場所を表すなどということはけっしてない。自分がどこにいるかによって変わってくるものだ。イギリスでは、「北」は経済的な未発達と困窮を連想させるが、イタリアやアメリカではまったくの正反対、「北」は繁栄と都会的洗練の地だ。主要方位は四つともすべて、それぞれに変化と適応を経てきた。これは哲学者や言語学者が「言語ゲーム」と呼ぶもの、つまり言語がその話し手によって理解されたり行動を促したりするためのよりどころとなる規則と慣例のなかで、どのように使われてきたかによる。[2]「東」や「西」という言葉の意味は、どの言語においても、ある特定の時点のある特定の場所で確立された「ゲーム」とそのルールのなかでの用法によってのみ、理解することができるものだ。言語においては、あるひとつの単語やある単語の塊――たとえば四つの主要方位――について、考えられる限りすべての適用の基礎となるルールが必要である。これはどんなゲームのルールにも言えることだが、このルールを把握しているということは、異なる文脈においてもそれらの言葉の使い方がわかっているということを意味する。天文学的な文脈、あるいは宗教的、経済的、哲学的、そしてもちろん地理的な文脈のなかで出てくることもあるだろうが、そのどれにおいても理解できていなければならないのだ。しかし「南」という言葉が集団によって異なる意味を持ち、場合によっては相対するような意味を持つことが多いとなると、それは個人の独断的な意見ということではない。そうではなく、その単語の意味が、それの属する場の特定の言語ゲームに沿って機能しているということになる。そしてその言語ゲームもまた、変化や適応の対象となるものだが、その変化は、他のコミュニティとの関係性によってのみ起こるものなのである。本書は、四方位の知られざる真実や不変の地理学的事実を明らかにしようというものではない。もとより、そんなものは存在しないのだ。代わりにここでは、時の流れのなかでのさまざまな文化における東西南北のそれぞれの「方向」をたどってみたいと思う。方角を示すある特定の意味の組み合わせを使うとき、歴史のなかでの、あるいは異なる文化間での四方位それぞれの性質は、絶対的ではなく相対的なものだということが明らかになる。どの言語においても、方角を示すために使う言葉について言えば、それが書かれた文脈やそれが示された地理的条件がきわめて重要だ。四方位を理解するためには、どんな状況で使われたかがすべてなのだ。

わたしたちが四方位を理解するうえで中心的な役割を果たすのは、言語と四者間の「家族的類似」だが、認知心理学者のなかには、初期の人類にとって、方角を頭で把握することは言語に先行していたのではないかと考える者もいる。空間は言語よりも先に存在しており、そのために、空間をとらえる言葉や隠喩は、言語の発達と進化の中心になったというのだ。[3] 古語や現代語には、「アップ」（上／北）や「ダウン」（下／南）のように、空間を表す数えきれない言葉があふれており、概念体系や人間関係を特徴づけるのに使われる。それらは「近しい友人」、「気持ちが離れていく」というようなものから、「行き詰まり（限界）」、「もう振り返らない」というものまでさまざまだ。[4]

英語で「自分自身をオリエントする」と言えば、空間のなかで自分の位置を見定めることを意味するが、そもそもオリエントという単語はラテン語の「オリエンス」からきており、これには「東」または「昇る（日が昇るなど）」の意味がある。「方向感覚の喪失」の意味で使われる「ディスオリエンテーション」の文字通りの意味は、「東の方角を見失うこと」なのだ。ここから、わたしたちを取り巻く言語ゲームのルールに照らして、考えや信念は瞬く間に増幅し、重なり合う。ヨーロッパで発達した地図製作方法のおかげで――「北に上る」という表現や、その反対の「南に下る」という表現があるように――わたしたちは北を上にした図を思い描きながら自分の垂直方向の位置をオリエントする。

多くの社会では、北は寒さと暗さを連想させるネガティブなイメージの場所だが、時代や土地しだいでは、別のルールが働き、驚嘆や不変性と結びつくポジティブなものにもなる。南はしばしば暖かさや明るさと結びつけられるものの、別の文脈では怠惰と未発達の代名詞にもなりうる。「西へ行く」は、一般的に近代化や「フロンティア（辺境）」と関連づけて理解され、これはとくに北アメリカで顕著だ。

その一方で、昇っては沈む太陽の動きに導かれるように黄昏《たそがれ》を経て夜へと沈み込むことと関連づければ、死や死後の世界に足を踏み入れることと同義語になる。西は死と強く結びつけられていたため、いかなる文化においても、西という方角がつねに地図の上に置かれることはなく、そのため、さまざまな時代のさまざまな文化圏で世界地図の上に位置するのは、西以外の三つの主要方位になった。

事実上すべての人間社会では、四方位を識別するための言語や文字を有し、自分とその社会のメンバーがより広い世界との関係のなかでの呼称を持ったり、位置を定めたりする目的で使っている。初期において四方位は、自分たちに向かってくる外のもの――風や部族や精霊など――の名前で表現されていた。時が流れるにつれ――移住や貿易、戦争などの必要が生じて――人々にとって「移動」が自ら特定の方向へ行くことを意味するようになるとともに、こうした表現や意味合いは変化して、北や南、東や西という名前を使うようになった。住み慣れた場所を離れて旅する人々が、地平線の彼方《かなた》まで足を運んで目的地にたどり着こうとするとき、こうした方角の目安は、特徴的な目印や音や匂いと並んで、ますます重要なものになった。人間の移動が盛んになると、主要方位の語彙《ごい》も増していき、彼らが地球上の各地に広がっていくにつれ、それはより抽象的な意味や連想をまとうようになっていった。パプアニューギニアのマヌス島の人々はかつて海や陸地との距離を表現するのに「上」や「下」という言葉を使い、ハワイ語では南や北を示すのに「左（ヘマ）」や「右（アカウ）」という語を用いていたが、このようなその土地固有の意味を持つ単純な言葉では用をなさなくなっていったのだ。代わりに、北、南、東、西という、固定された地理的な方位に向かって進むようになった。そこから進化した言葉は、現代の主要方位を表す多くの方言の語源となった。

四方位は単なる方角ではない――世界中のあらゆる社会において、宇宙観や倫理観、宗教生活や政治経済の基盤となっている。それらは天体の星の動きを表現するのに使われ、祈るべき方角や礼拝の場所と建物の向きを定めるのに用いられる。東洋と西洋（またはオリエントとオクシデント）や開発途上の「グローバル・サウス」と工業化の進んだ「デベロップド・ノース（北の先進国）」というように、世界を地政学的に整理し、分割する際にも影響力を持つ。その結果、それらの語は、わたしたち自身が何者であるかについての思い込みや信念にまで影響をおよぼすようになる。わたしは自他ともに認める「北部人」だ。ヨークシャー地方のブラッドフォードに生まれ、一九七〇年代にその地で育ったあと、一九八〇年代後半にイングランド南部に移って、その後は一度も北部に戻ったことはない。にもかかわらず、わたしには北部や北部人の典型的特徴の多くが当てはまる。話す場面や場所にもよるが、それはホイペット種の犬とまずい料理であふれた、脱工業化時代の凍《い》てつきさびれた町の出身であることを意味する。あるいは別の場面では無骨な愛情や人情、緊密なご近所づきあいと美味《おい》しいビールの地を表すこともある。「北部人」を名乗るときの「北」は、道案内や方角とは異なる一連の意味を備えており、そこにはまた別の言語ルールがある。四方位のすべてに、そのような強い個人のアイデンティティが付随しているわけではない。英国では人々は少なからぬプライドとともに「北部人」や「南部人」を自認することが多いものの、自分は「東部人」だという表現はあまり聞かない。世界的な意味合いでは――言語ゲームのまた別のカテゴリーでは――「オリエンタル／東洋人」というラベルづけは歴史のなかで長きにわたって曖昧《あいまい》に使われてきた。また、かつては優越の印であるかのようにみなされていた「ウェスタナー／西洋人」は、今では軽蔑を表すのに使われることもある。

四方位は、人々が自らを他者との対比によって理解する助けになるだけでなく、そのコミュニティ全体が、より広い世界のなかで自分たちを位置づけることも可能にした。それは言語学者が呼ぶ「対象の抽象化」である。これは、言葉が最初に関連づけられた対象――この場合は方角――をはるかに超えるところまで発展した概念で使用されることを指す。古代社会では、東西南北という四つの名詞を、彼らを取り巻く、広大で果てしなく見える地上と天空の空間を理解し、ひいてはそこに秩序を与えるために使っていた。古代ギリシャやヨーロッパの初期の天文学では、北極や南極は純粋に想像上の存在だった。彼らは、地球は宇宙の中心の不動の点であり、空高く見える北極星からまっすぐ伸びて地中深くまで貫く軸が世界《コスモス》の真ん中だと考えていたのだ。これらの軸は、島や山のような地理的な場所のように実際に見たり触れたりできるものではない（赤道や子午線もその点では同じだが）。その正確な位置の算出には変動がつきもので、それらは科学的というより空想的な意味合いが大きかった。それでもなお、それらは二つの主要方位を決定づけるとともに、言語や多くの人々の想像のなかにはっきりと刻みつけられていた。主要方位の四つすべてにまつわるこの想像的な側面こそが、ここで披露する物語には科学的、地理的、歴史的側面だけでなく、フィクションや詩の要素を含んでいることを示している。

だとすれば、なぜこれほどまでに多くの社会が四方位を選び、さらにそのうちのひとつを最重要方位として他より優位に立たせているのだろう？　ＮＡＳＡは、地球の「上下さかさま」問題を、世界は北が上であるという理解が基本的に正しいのだと主張するかのように、写真を逆転させることで解決した。しかし、基本的な方位や「正確な」方位など、もとより存在しない。だったら四方位でなく、二方位でも五方位でもいいではないか。そもそもなぜ世界地図は北を上にしなければならないのだろう？　これらの問いが――そしてその答えが――この先の章の主題である。

　方向感覚を身につけて迷わず家に帰りつこうとするのは人間だけではない。多くの動物学者は今日、移動性の生き物たちが複雑な「方向定位の道具箱」を使い、身体に内蔵された「地図」に頼っていると考えている。彼らは地球上の磁場、日中の太陽の動きや夜の星々の形からなるさまざまな線を越えて移動する際、それによって方向を感知するのである。何百万という鳥たちや動物たち、さらにはオオカバマダラと呼ばれる蝶《ちょう》のような昆虫までもが、この「道具箱」を季節ごとの渡りに利用している。その多くはいまだ科学によって解明されていないものの、それによって彼らは、磁気コンパスと同じような情報を得て、毎年何千キロも旅をし、食物を得たり繁殖したりしたのち、またもと来た場所へと戻る道を見つけることができる。研究の結果、ほとんどの渡り鳥、サケ、イルカ、カエル、カメ、コウモリ、齧《げっ》歯《し》類の歯から、磁気を帯びた酸化鉄の一種である磁鉄鉱（マグネタイト）の痕跡が発見されている。つまり、彼らは何らかの形でこの磁力を利用して南北に移動している可能性があるのだ。渡りをする動物たちの道具の厳密な性質がどんなものであるにせよ、地球の磁場と太陽の動きという、ともに組み合わさって人間の主要方位の言葉を生み出したものが、動物たちが地球上を移動する際にも重要な役割を果たしていると言えるだろう[5]。

「四」が持つ力

ヒトは動物たちのように神経系の道具箱が内蔵されているわけではないが、わたしたちには言語がある。四方位という設定と言語は、すべてとまではいかないものの、ほとんどの文化に共通している。それらは最初、人体という「自己中心座標」から思いついたもので、おそらく太陽の動きや星などの天体観察よりも前から存在していたと思われる。人間にとって最も基本的な身体的指向もまた、前後左右の四つからなる。多くの古代言語では、「前」と「後ろ」は「東」と「西」と同義語で、「左」と「右」は「北」と「南」に相当する。たとえばヘブライ語では、「東」（ケデムまたはミズラヒ）は「前方」や「正面」を意味し、「西」のエイカは「後方」の同義語である。アラビア語では、北がアルシャマール（「左」）、南がアルジャヌーブ（「右」）である。どちらの言語でも、信仰や儀式が土台とする宇宙観は東向きであり、そこに身体が投影されている。

他の文化圏では、身体の位置関係を利用して、まったく異なる向きで方角を解釈する。使用される用語の多くは指示語であり、言い換えれば、物理的な状況に依存し、話し手の視点によって変化する（空間に関する指示語の例としては、「ここ」、「そこ」、「向こう」などがある）。古代中国語では、「北」という象形文字は、二人の人間が背中合わせになった様子を表している。暗く冷たい北は身体の「後ろ／背中」と同義であり、身体の「前」は光と暖かさの方向である「南」を向いている。日本語の「北」は、「来た」（「後ろに残してきたもの」という意）から、「南」は、「顔を向ける」という意味の女言葉に由来して

図1　アドゥノ・キネまたは世界の生命。マリのドゴン族の壁画より。

いるという説がある。[6]

アフリカ南東部のバントゥー語群の多くも、四方位を区別するために身体的な表現を用いている。タンザニアのヘヘ族の言語であるキヘヘでは、北は「頭」を意味するミトウェを語源とするクミトウェ、南は脚を意味するマグルを語源とするマグルシイカである。[7] 同じように、マリのドゴン族が制作した古代の岩壁画には、「世界の生命」の擬人化、アドゥノ・キネがシンプルな図像として描かれている。これは、アンマ神が北を頂点とする四方に卵形の粘土の塊を伸ばし、神の手の中の世界を創造したというドゴンの創造神話にもとづいている。岩壁画の像は上半身と腕が十字を形作っており、それは四方位を表す。頭が北、脚が南、左手が東で、右手が西だ。[8]

人体にもとづいて方角を四方位に分類しようとする試みは、自然現象に秩序を与えるという、より大きな象徴への関心の表れである。数学では、四は最小の合成数（一とそれ自身以外の数でも割り切れる自然数）である。幾何学の世界では四は十字や四角に関連しており、全体性や完全性を連想させる。現在、西洋の数字のなかで最も親しまれているアラビア数字の「4」は、単純な十字に斜めの一筆を加えたものである。四分割のシンボリズムは、多くの文化や宗教において、季節、大陸、風、元素、「人間」の年齢（幼年期、青年期、壮年期、老年期）、自然の四原因（アリストテレスによる）、「大地の四隅」（聖書にある「地の果て」を意味する表現）などのように、整理識別するための原理となってきた。

古代中国の王朝は、国土を四つの領地に分け、四つの海によって形成される世界を想像した。四方位はそれぞれ「知性的な生き物」であると考えられていた。東の青龍《せいりゅう》、南の朱雀《すざく》、西の白虎《びゃっこ》、そして北の玄武《げんぶ》である。方位に与えられたそれぞれの色は、対応する中国の地域の土の色相と一致している。仏教では四方位は元素と人生のサイクルを表していると考えられており、東（日の出）から南（正午と火）を通って西（日没と秋）へ、さらに北（夜と死）へと至る。ヒンドゥー教では四つのヴェーダ（宗教文書）を崇《あが》め、ヒンドゥーの神々と並んで、ローカパーラと呼ばれる方位の守護神、インドラ（東）、ヤマ（南）、ヴァルナ（西）、クーヴェラ（北）を崇拝している。

変化の風

現存する最古の「四方位」の記録は、メソポタミア最初の大帝国アッカド王朝（紀元前二三五〇～前二一五〇頃）の時代に作られたものだ。その統治者ナラム＝シン（紀元前二二五四頃～前二二一八）は、「四方領域の王」という称号を採用した最初の人物として知られている。一九三一年、現代のイラク、キルクークの南西に位置するヨルガン・テペで行われた考古学的発掘調査では、アッカド語やシュメール語の楔形《くさびがた》文字が刻まれた数百枚の粘土板が出土した。そのなかでも最も重要なもののひとつは、わずか七センチ×八センチ弱の大きさの地形図で、通常「ガスール地図」と呼ばれている。その中心には農地が描かれ、その中を右上から左下に向かって川が流れている。川はやがて二つの支流に分かれて左の最下部にある大きな水域に流れ込んでいる。集落は地図の上下を横切る二つの山脈の谷間にある。そこに彫られた湖は、最近イラン西部のクルディスタン州にあるズレバー湖（ゼリヴァー湖）であることが判明した。刻まれた文字によれば、中央部の農地は、三〇〇ヘクタールの「耕作地」だという。[10]

ガスール地図は、四方位が示され、その名称が記載された最古の地図として知られている。左上の破損した半円部分にはイム・クル（東）、左下にはイム・マル・トゥ（西）、中央左にはイム・ミル（北）と刻まれている。おそらく石版の右側の欠けている部分にはもともとイム・ウル（南）と刻まれていたものと思われる。しかし、ここでの方位の名前は、一見してわかるものとは異なっている。接頭辞イム（トゥム）は風を意味する。つまり、この地図は天文観測ではなく、気象学的な経験によって四つの方角を特定している。また別のメソポタミア文書には、四つの主要な風が対角線の十字を形成するようすが描かれており、これは現代の北西、北東、南東、南西に相当する。これらはガスール地図上のアッカド語ではそれぞれ以下のように訳される。イム・クルはメソポタミアの北東に位置するザグロス山脈から吹き込む北東の「山」風、イム・マル・トゥは、アムル（ユーフラテス川の西に位置するシリアとパレスチナの遊牧民アムル人と、熱砂嵐が吹き荒れる方角を表す言葉）に由来する南西の「砂漠」の風、イム・ミルは北から吹く最も一般的な風で、大地を冷やす規則的で強く、しかも乾燥した風、そしてイム・ウルとは、ペルシャ湾を起源とし、予測不可能で陰鬱な雨天をもたらす南東の「悪魔」または「雲」の風という意味を持つ。[11]

これらの方位は、点ではなく四分円を指し、人文地理学と物理地理学の両面に由来している。四〇〇〇年以上前、アザラ（現在のクルディスタン）の土地を耕作していた農民にとって、卓越風《たくえつふう》を表す四方位には、単なる方角を知るための手段以上の意味があった。風向きや変わりやすい気候条件を理解することは、農作物の栽培にとってきわめて重要であり、豊作と飢饉《ききん》の分かれ目になることもあった。地図上の楔形《くさびがた》文字を上から下にたどるとイム・ミルと読めるが、これは北西の風が吹く方角であり、それが方向を見定める目安となった。

ガスール地図では、イム・ミルは豊穣《ほうじょう》、再生、繁栄、節制という意味を内包する言葉として定着している。これとは対照的に、イム・ウルはアッカド人の社会的慣習や言語のなかで、不安定、危険、部外者への恐怖を連想させる言葉として使われている。こうした歴史の初期の段階で、これらの二語のつながりは、移動や方向を定めることとはまったく関連しないまま、定住型農耕社会のリズムに根差していった。こうした社会ではそもそも旅などというものには縁がなかったのだ。人々が口にする方位を示す言葉やそれが内包する意味が、社会の形態や秩序を作った。それは物理的な世界のなかで人々が自分たちの位置を定め、周囲の成り立ちについて理解する活動の一部だった。

メソポタミア文明に見られるように、気象学的、地理学的、民族学的なものが組み合わさって四方位の言葉ができ、それがさまざまな意味を内包するようになる現象は、異なる用語や対照的な条件下ではあるものの、記録の残る初期の歴史全体にわたって、世界各地の多くの言語のなかに類似性を見つけることができる。言語によっては、前後左右などの主観的な視点にもとづき自己中心的にとらえた方角や、川や山などのランドマークや物体を対象者の視点とは無関係に使用する環境中心的な方角の例が、より多く見られる。オーストラリアのファー・ノース・クイーンズランドに住むググ・イミシール族のような先住民の文化においては、主要方位の感覚は鋭くても、自己中心的座標の認識はほとんどない。代わりに彼らは「絶対的な」地理的方位システムを使い、物事や場所を自分自身ではなく、基点となる方位との相対的なものとして示す。「左に動いてください」ではなく「西に動いてください」と言ったり、「塩を取って。あなたの目の前にあるよ」ではなく「塩を取って、北にあるよ」と言ったりするのだ。[12] また、カリフォルニア州北部のユロック族のように、人口の少ない小規模な地域社会では、四方位を表す言葉を持たないこともある。コンパスの四方位はほとんどの社会に共通していても、けっして普遍的なものではない。[13]

異なる文化圏における主要方位の語源を研究することによって、その社会における各単語についての話者のこだわりや、言葉遣いのルールがどのようなものであるかがわかる。アフリカでは、方位の言葉が表現されるときの言語ゲームは、複雑な民族学的識別によって決まることが多かった。ズールー語で南はイニンギジムと言い、直訳すると「多くの人食い」である。海はズールー王国の真南に位置し、彼らの伝統では、そこで発生する冷たい風や霧のなかに悪霊や人を食う化け物が潜んでいると考えられていた。東南アフリカのさまざまな言語でも、主要方位を表すのに近隣の民族に由来する言葉を使っている。セツワナ語やセソト語では、北に位置するングニ語を話す人々を表すのにボカネ（北）が使われ、ボルワ（南）は「ブッシュマン」、つまりアフリカ南部のコイサンを表す言葉から来ている。[14]

古代メソアメリカの宇宙観では、神々や天地創造の物語を説明するのに主要方位を使っていた。中央アメリカ北部のマヤ人は、南北に関する意味よりも先に、まず日の出と日没の天文観測にもとづいて東西を理解していた[15]。マヤの信仰では、太陽神であり創造主であるイツァムナは、バカブ（ジャガーとして描かれることもある）と呼ばれる四体の神々に分かれて世界の四隅を支え、それぞれが方角と色を表していた。東（太陽が地界から現れるため直訳は「出口」）は赤と火、西（太陽が地界に沈む場所なので直訳は「入り口」）は闇と差し迫った夜を象徴する黒と関連づけられていた。北（多くの場合、白と関連づけられる）と南（通常、黄に色分けされる）は、方向としても色としても明確に特定されることはなく、時間の経過とともに、メソアメリカの言語と文化のなかでさまざまに変化した。

マヤやそれにつづくメソアメリカの主要方位が、メソポタミアや他の多くの文化のものと著しく異なっていたのは、二軸ではなく三軸で機能していたことだ。アステカ人は、地球を東西と南北の二軸で区切られた水平な円盤に見立てていた。その中心には三つ目の垂直軸「世界軸（アクシス・ムンディ）」があった。その結果、五つの点が十字のように配置された幾何学的パターン「クインカンクス」が生まれ、事実上、アステカの世界像を五つの方角にしたがって構成することになった。一三二五年、アステカの都市テノチティトラン（現メキシコシティ）は、アステカの世界の中心を象徴するマヨール神殿を中心に建設された。この神殿で水平と垂直の三軸が交わり、天と地と地界がひとつになると考えられていた。

一方、ギリシャの哲学と科学は、五番目の方位や色分けには関心を示さなかった。代わりに、そこではメソポタミア農耕時代の風に対するこだわりを受け継いでいた。神話に登場する四方位を擬人化した神々（アネモイ）は、ホメロス（紀元前八世紀頃）の作品に初めて登場する。ホメロスの『イーリアス』と『オデュッセイア』には、主要方位の風を象徴する四神が登場する。北風のボレアスは、おそらく

「山」や「咆哮《ほうこう》」の古語的変形だろう。南風のノトスは「湿り」に、東風のエウロスは日の出の「明るさ」に、そして西風のゼピュロスは日没の「暗さ」に由来する。

古代ギリシャでは、天候はゼウスによって作り出されると考えられていたが、ゼウスの気象学は気まぐれで予測不可能だった。その後の自然哲学は、天候などの自然現象がゼウスや他の神々の手に委ねられているという見方に異議を唱えようとした。ゲームのルールが変化するにつれ、四方位を表す言葉も変わっていった。北の方位を、北方に見えるおおぐま座からとった「アルクトス（熊）」と表現するなど、天文観測から得た新たな名前を使うようになった。

ギリシャの生活において気候や方角が重要であることを最も早く、そして最も力強く説いたのは、アリストテレスの『気象学』（紀元前三五〇年頃）である。アリストテレスは、「自然に起こるすべてのこと」を主題とし、地球を宇宙の中心に位置する球体として説明した。『気象学』には、ギリシャを中心とした北半球の主要方位を風向きの種類によって分類した、最古の幾何学図が掲載されている。この図には八つの主要な風、または「半分の風」を加える場合には一二の風が描かれている（ここではエウロスは「太陽の熱」を意味するアペリオテスに置き換えられている）。このように風を特定の方向から吹いてくるものとして体系化することは、アリストテレスの地球に対する民族学的アプローチの中心であり、彼は地球を五つの気候ゾーンに分けていた（「気候」を意味する「クライメット」という英語の語源「カラマタ」というギリシャ語の意味は、傾斜または傾き）。それらは部分的には気象学上の根拠がある。アリストテレスは、赤道から北に行くほど太陽の「傾き」が小さくなるため、極点と赤道に気候の苛烈な地域

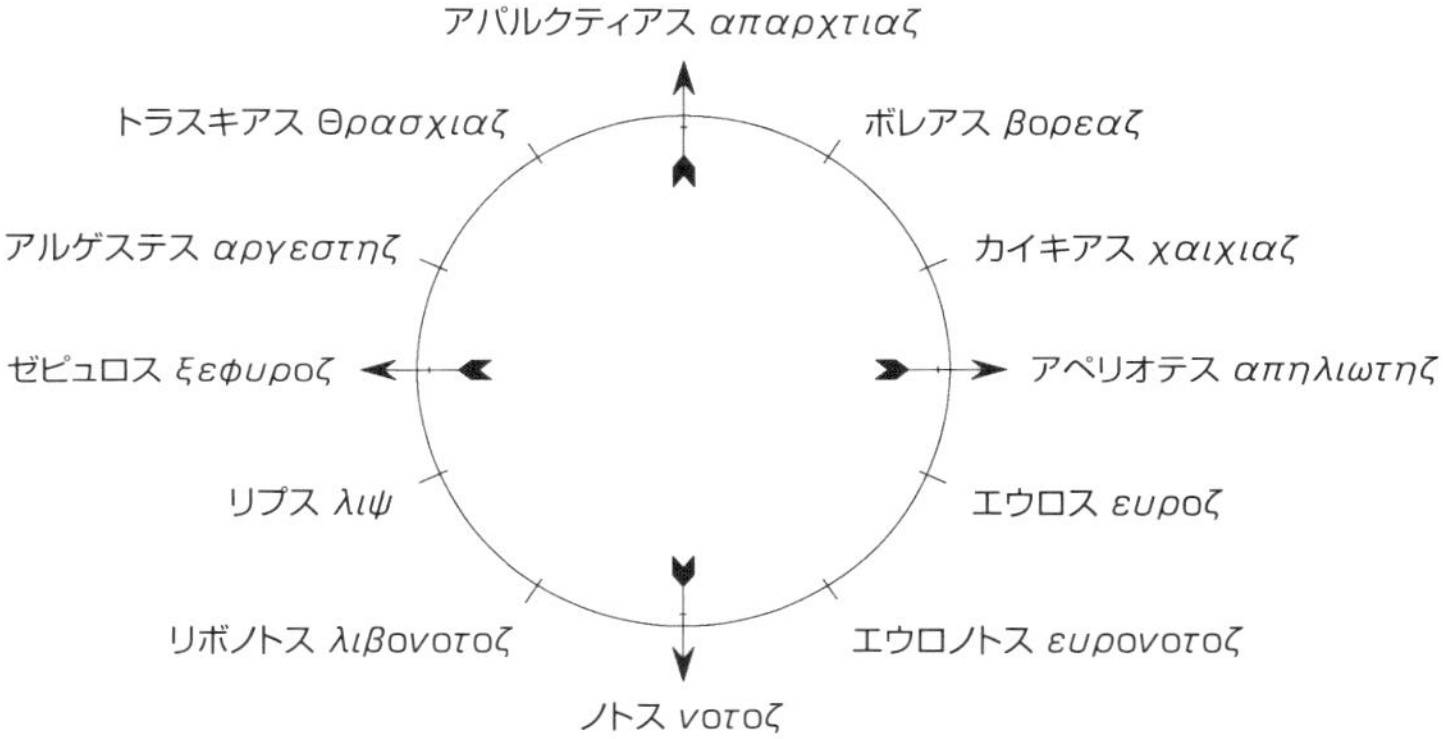

図2　ティモステネスの12の風向システム（紀元前270年頃）

ができ、居住可能な温帯は二つしか残らないと考えた。

　アリストテレスの弟子であるエレソスのテオプラストス（紀元前三七一頃～前二八七頃）も理解していたように、ギリシャの農業と成長著しい海上貿易にとっては、天候を予測することが不可欠だった。彼は著書『風について』（紀元前三〇〇年頃）のなかで、「空、空中、地上、海で起こることは風による」と主張している。[16] ロードス島のティモステネス（紀元前二七〇生まれ）はこの考えをさらに進めた。彼の描いた一二の風向は、それぞれ異なる地域と人々を表していた。これはのちに主要方位の風と地理的な方角や文化を結びつけるものであり、人文地理学における大きな発展だった。アパルクティアス（北）は中央アジアの遊牧王国スキタイと、ノトス（南）はエチオピアと、アペリオテス（東）はアフガニスタンの大部分を占めるバクトリアナと、ゼピュロス（西）は古典世界の最西端であるジブラルタル海峡と関連していた。ガリア、イベリア、インドなどもそれぞれに適応する風の示す方向にあった。ギリシャの思想と人文地理や交易との関わりが深くなるにつれて、それぞれの方角を表す言葉も変化し、そのルールも移ろっていった。今なお残る方角とアイデンティティの混同は、こうしてはじまったのだ。

ギリシャ人は、アテネに今も残る「風の塔」まで建ててのけた。紀元前一〇〇年頃、キュロスの天文学者アンドロニコスによって設計された八角形の塔の各面には八つの主要方位のそれぞれの神が描かれている。ボレアス（北）、アペリオテス（東）、ノトス（南）、ゼピュロス（西）、そしてカイキアス（北東）、エウロス（南東）、リプス（南西）、スキロン（北西）である。この塔は、最初の気象観測所として知られているだけでなく、最古の時計塔（ホロロギオン）としても機能していた。それぞれの神々の下には日時計が、塔の内部には水時計の跡があり、方位の把握と時間の計測が結びついた長い歴史のはじまりとなっている。

風の塔はローマ時代のアゴラ（紀元前二七～前一七年）と呼ばれる公共広場にもあった。ローマ人は次第にギリシャ語の「風」を意味する言葉を採用し、新しいラテン語として導入した。北が最初に登場し、おおぐま座の「北斗七星」にちなんでボレアリス、またはセプテントリオナリスと名づけられた。南はアウストラリス（厳しい、鋭い）またはメリディオナリス（真昼）など、いくつかの新しい用語を与えられた。西はオクシデンタリス（落ちる、過ぎ去る）、東はオリエンタリス（昇る、はじまる）またはスブソラヌス（直訳は、太陽の下）だった。とはいえ、ギリシャ語の名称がそのまま使われたり、競合するラテン語の同義語が導入されたり、そもそも風向きの数はどうあるべきかと議論が交わされたり、その適用は混乱と矛盾に満ちていた。ローマの建築家ウィトルウィウスは著書『建築について』（紀元前三〇～一五年頃）のなかに「風配図（ウインド・ローズ）」を導入し、一二四の風向を示している。ウィトルウィウスは、「天の領域と風に従って通りと小道を配置する」計画においては、調和、秩序、比率がいかに重要であるかを強調した。[17] ギリシャ語の「プネウマ」とは、動いている空気を意味し、息または風と解釈される。わたしたちが呼吸する外気（風）は、どのような方向からであれ、人間の生命に欠かせない。風の性格と質は、生死を分かつものと考えられた。

後の社会でも、風が方角を定める際の中心的な存在となっている例がある。グリーンランド、カナダ、アラスカの北極圏に住むイヌイットの人々にとって、方角を見極めるためのおもな道具は風と吹きだまりであり、これらはギリシャとはまったく異なる環境での自然現象だった。風は擬人化され、その気質によって性別を与えられた。北西のウアングナクは、この地域で最も優勢な卓越風であり、その気まぐれな性質から女性とみなされることが多い。猛然と吹き荒れたかと思えば、次の瞬間ぱたりと止《や》んだりするのである。「男性」の南東風ニギクは、より安定的に吹き込み、正反対のウアングナクに「応酬」すると信じられている。この男女のペアが主要方位となる軸を形成し、これにカナングナク（北東）とアキンナク（南西）を加えてイヌイットの四方位が完成する。[18]

コンパスの発明

古典期以降のヨーロッパの方位に関する考え方に最も決定的な影響をおよぼした出来事は、フランク王国の王であり大陸北部の大部分を支配していた皇帝、カール大帝（七四八～八一四）の時代、九世紀初頭に起こった。中央ヨーロッパと西ヨーロッパを統一しようとした彼は、多くの政治、経済、教育の改革に着手し、そのなかには、インド・ヨーロッパ語族に由来する単音節のゲルマン祖語を使って四方位の名前を変えることも含まれていた。風は無関係となり、代わりにこの新しい分類は完全に太陽の動きにもとづくものとなった。ノールド（北）は、インド・ヨーロッパ語族のノルトス（下または左——東から昇る太陽を眺めたとき）に由来する。エスト（東）は、インド・ヨーロッパ語のアウストス（光または輝き——朝日からの連想）に由来し、これはサンスクリット語のウサス（夜明け）から取られた。スンド（南）は、古語で太陽を表すスントスに由来し、（北半球の）真昼の太陽の方角としての南を指す。オエスト（西）は、原インド・ヨーロッパ語族のウエストスに由来し、赤（夕日からの連想）を含む夕方の一連の意味が関わっている。[19]

これらのゲルマン祖語は、九世紀にノルウェーからアイスランドに入植した後に発達した古ノルド語の各方位を表す言葉にも影響を与えた。ノルウェー語では、ノルウェーからアイスランドへの航海をウト（外へ）と、基本的な方向副詞を使って表し、帰路はウタン（外にある場所から）で表現した。当時の北欧の船乗りたちはコンパスの知識がなかったため、天候や自然の風景を観察しては五感に頼りつつ、中世のサガでハフヴィラと呼ばれた「海上で進路や方向を見失う」事態を避けようとした。[20] そうして出来たのが、オイストゥル（東）、スーズル（南）、ヴェストゥル（西）、ノルド（北）という四つの方角である。ノルドヴェガというノルウェーの国名もそこから生まれた。これは「北の道」「北の航路」を意味するノルウェーの海岸線に沿った航海ルートに由来する。ロマンス諸語を含む現代のヨーロッパの言語のほとんどではこれら方位の言葉——ノルド、オイストゥル、スーズル、ヴェストゥル——と同起源のものが主流となり、現在も使用されている。[21]「北」を表す英語のノースは、ポルトガル語やスペイン語ではノルテ、フランス語やイタリア語ではノルド、ドイツ語ではノルデンであるが、その言葉を日常的に使う人々のなかで、それが昇る太陽を見るときの「左」からきていることを知る者は、ごくわずかだろう。

これら四方位の言葉を記した磁気コンパスが地中海で使われはじめたのは紀元十二世紀になってからだが、中国では紀元前二世紀にすでに最初の方位磁針が発明されていた。中国で作られたのは北斗七星を思わせる柄杓《ひしゃく》のような形に磁鉄鉱を成形した「司南《しなん》」と呼ばれるもので、この柄杓が地球の磁場の影響で南北の軸を示す仕組みになっていた。

やがて中国人は、磁鉄鉱で鉄の針をこすり、磁気を帯びさせる方法を開発した。この鉄の針を水に浮かべると、磁気の方向である南北軸を示すのだ。中国人は磁針と呼ばれたこの魔法めいたものを占いと地相学を合わせた分野（風水《ふうすい》と呼ばれることが多い）に使い、占星術的な現象を予測したり、建物の南北の配置を定めたりすることで、個人と環境との調和を図った。その最高の例が、十五世紀に建てられた北京の象徴的な紫禁城《しきんじょう》であり、その正門と窓は太陽と暖かい南風に向けられていた。

初期の中国製コンパスで特徴的なのは、それが示す方位である。中国でそれは羅針《らしん》と呼ばれ、「南を指すもの」の意味で「司南」とも呼ばれていた。磁気を帯びた針の先端は南を示し、南北軸は通常、金属製のワイヤーで示されていた。羅針盤は、火薬、紙、印刷技術とともに古代中国の「四大発明」のひとつで、フランシス・ベーコン卿が『ノウム・オルガヌム』（一六二〇年）のなかで初めて言及している。これら最初のコンパスは天然磁石《ロードストーン》から作られた。「ロード」は「旅」や「コース」を意味する中世英語に由来する。ロードストーンは移動性の動物たちの頭部に見られる酸化鉄のようなもので、自然のなかで磁化された特別な磁鉄鉱であり、地球の鉱物のなかで最も磁気を帯びている。ギリシャの哲学者ミレトスのタレス（紀元前六二四〜前五四六頃）にとって、ロードストーンが別の鉄片を引き寄せて磁化する能力（誘導として知られる）は、アニミズムによってのみ説明できるものだった。彼はロードストーンには魂があるに違いないと考えていたのである。鉱物に含まれる電子は原子核の中心を回転して電流を発生させ、磁力を生むのだが、この仕組みが発見されるのは十九世紀になってからのことだった。鉄、コバルト、ニッケルなどの物質では、電子が同じ方向に回転することによって磁性を帯びる。それらは他の磁性体が磁場に入ると磁化される。二十世紀以来、科学者たちは、ロードストーンは雷に打たれることによって磁化するのだと主張してきた。その強力な電磁場によって、ロードストーンに含まれるすべての磁区が一列に並び、磁力が発生するのだと。すべての磁石にはN極とS極があり、鉄を含むあらゆる鉄系金属は、ロードストーンとこすれることにより原子が同じ方向に並び、その力によって磁場が発生する。初期のコンパスの針はこうして作られていた。[22]

　中世ヨーロッパでは、磁気を帯びた針はすべてではないものの、おもに北を指し、そのようにラベルが貼られていた。中国製コンパスが南を指し、ヨーロッパ製コンパスは北を指す。この違いが生じた理由については、後述の各方位の章で追って説明していこう。

コンパスはどのように広まっていったのだろう？　シルクロードを移動する商人を通じて伝わったのか、それともそれぞれ独自に発展したのかはわかっていない。イスラム教の学者たちは、一二三〇年代にはすでにペルシャ人の水先案内人が紅海《こうかい》で磁気コンパスを使っていたと伝えている。[23] ヨーロッパで最初に記述されたのは、航海用の「ドライ式」磁気コンパスだ。これは磁気を帯びた針がピボットに取り付けられ箱に収められたもので、磁北（ひいては磁南）によって進行方向を指示するために使われた。ヨーロッパの航海におけるコンパスの使用について初めて記述されたのは、イギリスの神学者アレクサンダー・ネッカムの著書『物事の本質』（一一九〇年頃）だとされている。船乗りが「海を航海する際、曇天で太陽の光がもはや得られないとき、あるいは世界が夜の闇に包まれ、自分の船がコンパスのどの方向に進路を向けているかわからないとき、彼らは磁石を針に接触させる。すると針は円を描くように回転し、その動きが止まるや、針先はまっすぐ北を向く」[24]。ネッカムの記述は、コンパスの使用がすでに航海術の一部であり、北が主要な方位であったことを示している。

ネッカムはまた、天体観測によって北を定義することに道徳的、宗教的価値を見出すことにもいち早く取り組んだ。北極星は聖母マリアの代名詞でもあり、「海の星、聖母」として知られるようになった。彼はこう書いている。「北極星を見よ！　北の頂点は高く輝いている。夜、船乗りは北極星を見て進路を決める。マリアは北極星だ」[25]。次の世紀にかけて、「カーディナル」という言葉は、ローマ・カトリック教会における枢要徳《すうようとく》（正義、知慮、節制、勇気の四つ）、七つの大罪、さらには枢機卿《カーディナル》にもなりうる三つの位階（司教、司祭、助祭）を表すようになる。これらの神学的な意味は、これ以降、地平線の四点を指して主要方位（カーディナル・ダイレクション）と呼ぶときの「主要な」または「基本的な」という意味と共存することになる。方角は、これまで以上に道徳的な意味を持つようになったのである。

一二六九年、フランスの数学者ペトルス・ペレグリヌス（「巡礼者ペテロ」）は、『磁石に関する書簡』を書いた。これは球状のロードストーンの実験をもとに地磁気を初めて科学的かつ体系的に説明した書物である。それはまた「極」という言葉を初めて使った本であり、ロードストーン上の北と南を特定することで双極性を理解する方法を説明し、「この二点は球の極のように正反対になる」[26]と説明している。彼は「極性」という言葉を使うことにより磁気の引力と斥力《せきりょく》を理解し、「あるロードストーンの北極は別のロードストーンの南極を引きつけ、南極は北極を引きつける」ことを簡単な実験によって示した。また、彼の画期的な実験によって、「似ていない」極は引きつけあい、「似ている」極は反発しあうことも明らかになった。ペレグリヌスは、ロードストーンを半分に割っても「石は均質であるため、石の各部分の性質が破壊されることはない」こと、そして単に磁極が変化しないままの小さな磁石が二つできることに気づいた（磁石の組成は、どんなに小さく分割しても原子レベルまで変わらない）[27]。磁気は北極星を含む星々からもたらされていると信じていたネッカムとは異なり、ペレグリヌスは、磁気は宇宙の中心に位置する地球そのものに由来し、「ロードストーンの極は世界の極からその性質を受け取っている」と理解していた[28]。

ペトルスが磁気や航海用のコンパスの作り方を説明したことが、ポルトラーノ（羅針儀海図）と呼ばれる新しいジャンルの海図の発展へとつながった。この海図はコンパスの測定値を用いて描かれ、羅針図（コンパス・ローズ）（「ウィンド・ローズ」とも呼ばれるが、正確には航海方位線が交差する方向を示すものである）も含まれていた。これにより地理や地中海の海洋生活の共通語として使われていたギリシャ語、ラテン語、英語、スペイン語などをもとに、方位を表す新たな言語が生み出され、アリストテレスらの古典的なモデルが改良された。主要四方位を基本に発展した八つの風のシステムの完成である。まずは、ラテン語で「山々の向こう」という意味のあるトラモンターナ（北）。ここではアルプス山脈を意味し、「異国」や「野蛮」なものという新たな意味も含まれている。レヴァンテ（東）は、（太陽が）「昇る」を意味するラテン語から来ている。オストロ（南）は高温多湿の風を意味するラテン語アウステルに由来する。ポネンテ（西）は、「沈む」（太陽）と穏やかな西風を意味するラテン語、イタリア語、カタルーニャ語の混成語から生まれたものだ。他の四つの風は、さまざまな言語や地理的な名称から名づけられた。南西はアラビア語のガルビノまたはリビア（ここではアフリカ全般を示す）を意味するリベッチオ、北東はギリシャを意味するグレコ、南東はアラビア・イタリア語で熱く吹き上げる風を意味するシロッコ、北西はラテン語の「見事な」「大きい」という意味の語から名づけられたミストラルである。

磁気コンパスの特性としては、（中国の例外を除いて）ほとんどの社会で北を指しているのだが、ヨーロッパの航海士たちが十二世紀にそれを使うようになる頃には、多くの文化で、あらかじめ調整された天文および気象的な格子《グリッド》――より正確に言うなら円《サークル》――があり、北の方位は他の主要方位とともにそこに配置された。コンパスは、四つの主要方位を理解するために確立された慣習にうまく馴染んだのであって、その逆ではない。

十五世紀までには、コンパスの影響により、地図上のコンパス・ローズが三二方位を示すまでに進化した。それは四つの主要方位、八つの主要風、八つの半風および一六の四分の一風からなっていた。それにより、コンパス方位と航海法のあいだの基本的な関係が確立された（ちなみに「航海する」という意味の英語ナヴィゲイトは、「船」という意味のナーヴィスと、「動く」「操縦する」という意味のアガーレという二つのラテン語からできている）。こうした関係は、より進化した形で、今日の航海法にも残っており、それはおもにヨーロッパでの方角や方向に関する考え方によって理解することができる。

航海にコンパスが使われる以前は、北を定めるには、真昼の太陽（南を見定めることで正反対の北を特定する）やポラリス、すなわち北極星を使うことができたが、これも近似的な求め方であり、正確で検証可能な「真北」という概念を抱くのは不可能だった。このような天文学的な方法による絶対的な方角の確定には、それなりの問題もあった。地球は重力によって自転するとき、その軸がわずかに「ぐらつく」のだ。これは「歳差《さいさ》運動」として知られている。その結果、北極星はつねに北極点の真北にあるとは限らない（現時点では、両者の位置関係はかなり近い）。何千年も経てば、歳差運動によって、近くの星座にある別の星が「北極星」としてより正確に機能するようになるだろう。実際、ポラリスは一三〇〇年頃まで正確な北極星としては使われていなかった。

十七世紀には、コンパスはヨーロッパで「この世界がもたらす最も偉大な驚異のひとつに数えられるにふさわしい」ものとして定着していた。[29] しかし、この頃までに船乗りや水先案内人は、長距離の船旅でコンパスを使用する際の問題点を発見していた。それは、「真北」はひとつではなく、もうひとつの「磁北」が存在することで、その二つのあいだのずれは「偏差《へんさ》」（または「偏角《へんかく》」）と呼ばれる。「真北」（「地理的北」とも呼ばれる）とは、地球の表面に沿った方向で、惑星の極の仮想回転軸がその表面と交差する固定点を終点とする。この点は経線が収束する場所であり、北極点または南極点と呼ばれる。しかし、磁気コンパスは「真北」（あるいは「真南」）を指すのではない。その代わり、惑星の磁場に合わせて「磁北」（そしてその反対の「磁南」）を指す。磁極は、磁力線が地球に入り込む位置にある。磁石の北を向く端（N極）は、その反対側の南を向く端（S極）に引き寄せられる（そして同じ性質の端には反発する）ので、磁気を帯びたコンパスはすべて、地理的には北極と呼ばれる場所を「北」に指すことになるが、これは実際には「磁気の南極（S極）」である。技術的には、磁極に関して北がS極――あるいはその逆も真なり――なのだが、コンパスを使う人々によって「北＝N極」の用語はあまりにも定着していて、変更されることはなかった。[30]

地球の磁場はまた、時代や地球上のどこにいるかによっても変わってくる。地球外核の溶けた鉄とニッケルの流体運動は、対流として知られる不安定な電流を作り出し、それが何十億年もかけて地球を巨大な「地球力学的」磁石に変えた。その磁場は核から宇宙空間に放射され、放射線や荷電粒子による破壊からこの惑星を守っている。そして磁力線はループを描き、ふたたび磁極から地球に入るのだが、この地点では最も磁場が強くなる。イギリスの科学者ウィリアム・ギルバート（一五四四頃～一六〇三）は、磁気をこのように理解した最初のヨーロッパ人と考えられており、一六〇〇年に出版された彼の著書『磁石について』で説明している。『偉大なる磁石、地球』という副題が付けられたこの本でギルバートは、「わたしたちの共通の母（地球）」は固体の鉄の核――もしくは棒――で構成されており、それが磁気の反発と誘引を引き起こしていると述べている。[31]

磁気に一貫性を見出そうとした初期の航海士やギルバートのような科学者には残念なことだが、地球の核に含まれる元素の動的な性質からすれば、磁場が安定することはけっしてない。磁極はまた、絶対的な北や南を特定できる誘引点ではない。それは、地球の中心で不安定な複合磁力から生じる磁力線が地表に垂直に現れるおおよその位置であり、移動するものなのだ。磁気を帯びた針は、地球の表面の外の点ではなく、内側に向こうとする。磁北または磁南の方位を取ると、「真北」または「真南」と数百キロも異なることがある。磁北は、一八三一年六月、ジェームズ・クラーク・ロスによってカナダ北部のヌナヴト準州に位置することが初めて確認された。それ以後、地球の対流により、磁北は「真北」から数百キロ「漂流」し、現在は地理的な北から六〇〇キロ離れたエルズミア島に位置している。この「さまよえる磁極」は、年間一五キロほど北東に移動しつづけ、最終的にはシベリアに到達する運命にある。

ギルバートのような科学者をさらに混乱させたのは、偏角《へんかく》が地球上の位置によって異なるという発見だった。これは地球の融解した核の地磁気の強さが変化するためである。航海士たちは何世代にもわたってこの問題に勘づいていたものの、それが重要な意味を持つようになったのは、大航海時代に入って長距離を移動するようになってからだ。コンパスは「偏差」のせいで二〇度以上も狂うことがあった。

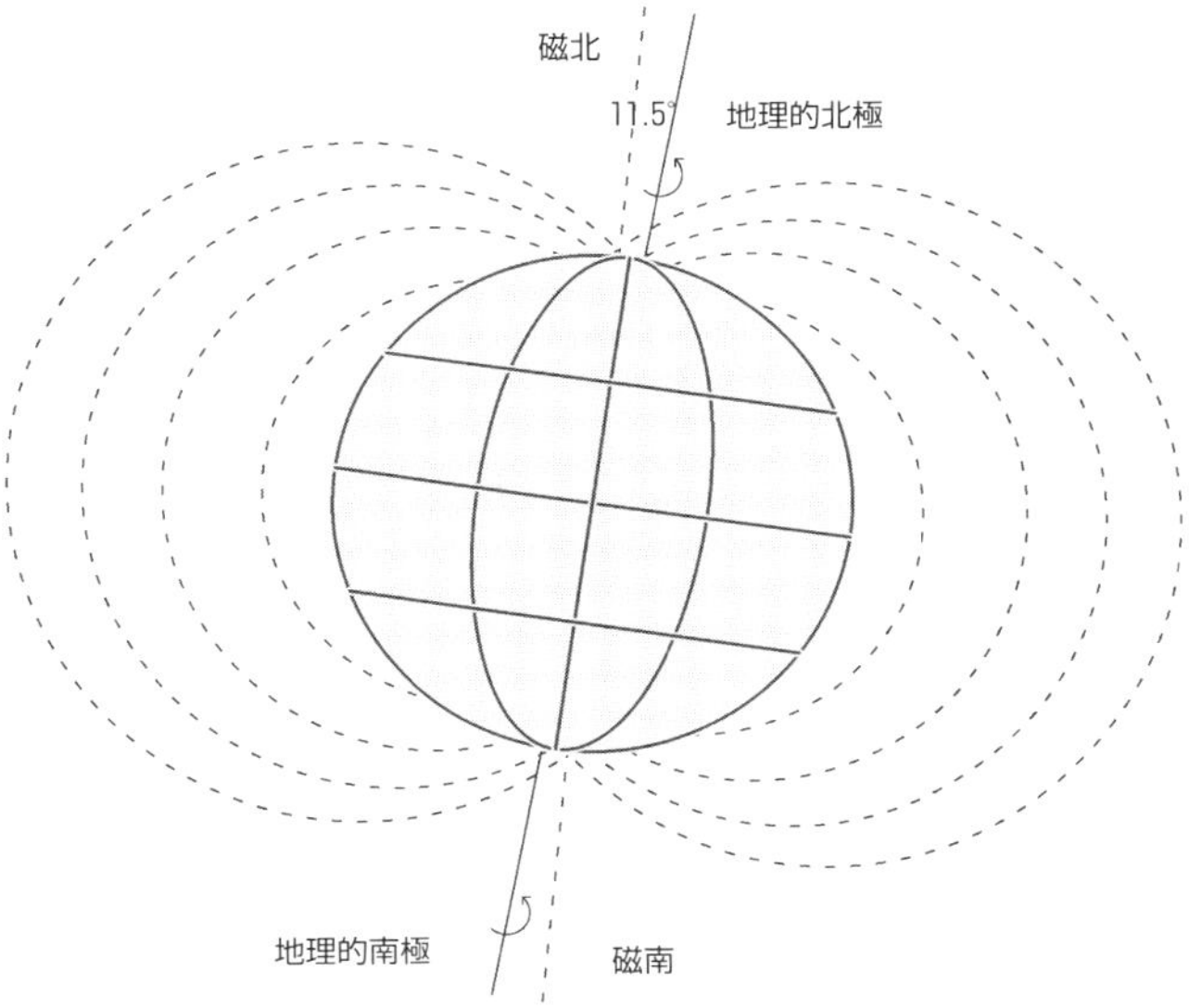

図３　地球の磁場：地理的北（または「真北」）は、地球の自転軸にもとづく地図上の固定点である。磁北とは、地球の磁場にコンパスが合わせる方向であり、つねに変化している。この２点には平均11.5度の差がある。

何千キロにもおよぶ大洋横断航海では、その誤差は命に関わるものだった。一四九二年のアメリカ大陸への最初の航海で、コロンブスはこの磁気偏角が経度によっても変わることに気づいた。彼の日記には、コンパスの針が「北西にずれている」ことが折に触れて記され、そのたびにまったくの勘でおおよその補正をしたと書かれている。[32] エドモンド・ハレーが一七〇一年に作成した大西洋の磁気偏差または磁気偏角の地図は、地磁気の変動（これには緯度によって異なる「伏角」も含まれる）を測定するための最初の試みにすぎず、この後も多くの人々がその解明に努めた。[33]

天体の歳差運動も磁気偏角も、いまでは数学的に高い精度で計算できるようになっている。小型磁石と鉄製の補正器によって、コンパスの磁気偏角を相殺《そうさい》することが可能で、パイロットは世界の磁気偏角チャートを参照しつつ、CADET（Compass ADd East for True）という東方位の加減算を行う方法を用いて、真方位と磁気方位の方向を計算することができる。とはいえ、四方位は何千年ものあいだ非常に主観的で局所的な解釈の対象だった。その地域的な主観性によって、コンパスの四方位は芸術家や作家にとって非常に魅力的なものであると同時に、科学者や航海士にとっては難解でありつづけたのだ。

＊

最初に語るべきは、どの方角だろう？　古代ギリシャ・ローマ時代からヨーロッパに受け継がれたのは、四方位はつねに北と南、東と西で対極と対《つい》をなしているという前提だった。そのため英語圏では、それぞれの軸にしたがって述べるべきだという考えが主流になっている。同時に、北を起点に時計回りに、東、南、西と読んでいくやり方もある。とはいえ、これが世界中どこでも通用するわけではない。中国では方位磁石での南の優位性によって、これとは違った時計回りの読み方「東南西北」が確立されたようだ。本書の四つの章は、また別の軌跡に沿っている。一日の太陽の弧を追い、朝から晩までの流れをたどろう。したがって本書は、太陽が朝に東から昇るところからはじまる（第1章）。古代の社会では、光や暖かさ、生命のはじまりとして、最初に東に着目することが多かった。そして太陽が真昼に天頂を通過するとき、南（第2章）とその反対である北（第3章）を見定め、太陽が西（第4章）に沈んだところで締めくくりたいと思う。

本書では、長い歴史とさまざまな社会の言語のなか、四方位がいかに異なる形で理解されてきたのかを示すことで、それらが単に方向を定めたり道案内をしたりするためだけのもの——無論、これらもとても重要だが——ではないことを明らかにしてゆく。方位の言葉はわたしたちの言語の中心にあって、個々のアイデンティティに呼び名をつけ、固定するものだ。南アフリカ、東ティモール、北アイルランド、西サハラというように、国や地域の呼称でもよく使われる。最も論議の的となる地域名「中東」などは、「近東」や「極東」を含むすべての範囲が、「西」つまり中心となるヨーロッパの二元的対極にあるという前提のもとで地理を思い描いた場合のみ可能になる。これらの地域の多くは、深刻な紛争の歴史を持つが、その理由のひとつは、聖地や政治的中心との関係において一見中立的なコンパス上の言葉で命名がなされたことにもある。四方位のそれぞれは、宗教上または政治上の理由から、ある方位を別の方位より優位にする梃子《てこ》の支点によって支配されている。古代ギリシャでは、中心はアポロンの誕生の地デロスで、北と西の中央に位置していた。中世キリスト教においては、創世記やキリストの磔刑《たっけい》といった聖書の物語から、エルサレムが中心で、東を上に考えていた。初期のイスラム社会では地図は南を上にし、メッカを聖なる中心として描いていた。十九世紀には、大英帝国はロンドン——より詳しく言えばグリニッジ——を空間においても時間においても中心とし、北を上にした政治地図の真ん中に据えた。

今日では、モバイル機器が空間の案内役だ。どこにいようと、東西南北など関係なく、オンラインの地図アプリがその瞬間の自分の位置を教えてくれる。わたしたちはただ目的地にできるだけ速く、できるだけ簡単に到着することだけを考える。空を見上げたり磁気コンパスを見たりしただけで、北や南や東や西をどうやって見つけるかを知る人は少なくなった。自分の位置感覚を失くしたとき、人はどんな代償を支払うことになるのだろうか？

第1章　東

日はまた昇る

四方位の物語は、時間も場所も、東からはじまる。東《イースト》と名づけることで即、そこがすべてのものが生まれる源であり、主要方位として理解するというルールが確立される。何千年にもわたり、東は人生の循環の象徴であり、人生を一日に集約したとき、その旅のはじまり、誕生を示す場所だった。その一日は、太陽が西に傾くとともにおわりに近づき、晩年や死へと至る。物理的な極地の存在によって特徴づけられる南北の軸とは異なり、東西の軸は、日の出から日の入りまでの一日の時間の経過によって示される。先史時代の社会では、東に太陽が昇ることは光と暖かさと希望を意味していた。メソポタミア、ペルシャ、エジプト、インド、中国——古代文明の多くは、生命の誕生を示すものとして東を尊んでいた。時の流れとともに、ヨーロッパ世界とその延長としての北アメリカは、東はもはや世界の中心ではなく東の辺境にあるものとして疎外しようという政治的姿勢を取り、東はこれら古代社会と同義語であるかのように扱われるようになった。十九世紀になると、英語圏にとって東洋は、エキゾチシズムと贅《ぜい》沢《たく》と富のために憧れる遠い地であると同時に、野蛮と専制主義がはびこる軽蔑の対象となり、薄汚く怠惰で不道徳というステレオタイプに押し込めた人々が住む場所を意味した。二十世紀後半に日本、韓国、中国、インドがアジアの経済力を発展させたことで、今日、「東」の意味合いはふたたび変化している。東が他のどの方位よりも激しく変容したため、世界の地政学的・経済的な焦点は、中国から地中海へと広がるこの地域に戻りつつある。

東の崇拝は古代の多神教における太陽崇拝に端を発するが、そこでは神が船や戦車に乗って天空を東から西へ横切ると表現されることが多い。古代エジプトの太陽神ラーもそのひとつで、神々の王として世界を支配していると信じられていた。古代インカ文化では、インティ、またの名を「昼の指導者」（アプ・プンチャウ）を崇拝していた。アステカ人は自らを「太陽の民」とみなし、四つの「太陽」のうちのいずれかを生きた。この「太陽」とは、神々が太陽の支配権をめぐって争うことによって創造されては破壊される治世のようなものである。これによると、現在は「五つ目の太陽」の時代に当たる。これは神々に命じられたナナワジンという人間が自らを犠牲にして火中に飛び込むことによって太陽を再生に導き、実現した。自らを生贄《いけにえ》として捧《ささ》げた彼は、東に燃えるような赤い太陽として出現することができたという。また生命を与える太陽は、この最初の血の犠牲が生贄の儀式によって無限に繰り返されることによってのみふたたび姿を現し、地球上の生命が保たれるとも言われている。ヒンドゥー教では、スーリヤ（サンスクリット語の「太陽」が語源）は太陽神であるとともに宇宙の創造主で、戦車に乗って闇を追い払う姿で描かれる。中国の殷《いん》王朝はその末期（紀元前一二〇〇頃～前一〇四五頃）に太陽を崇拝し、太陽に生贄を捧げていたと、東アジアで最も古い文字の記録のひとつに残されている。牛の骨や亀の甲羅に刻まれ、占いに使用されたこれらの「甲骨文字」のなかには、「昇る太陽と沈む太陽」に捧げられたものもある。[1]エジプト人がラーを太陽神として崇《あが》めたように、ギリシャ人とローマ人はアポロ（ローマではポエブス）という太陽神を創り出した。

　このような太陽と東の地平線への畏敬の念は、次第に季節の移り変わりと結びついて、より洗練された社会的・道徳的意味を持つようになった。「東」を表す古代漢字は、木の陰から昇る太陽を表している。東は季節、とくに春、五行《ごぎょう》のひとつである木、そして緑色と結びつき、さらには一日、一年、一生涯のはじまりを暗示するものになった。東からの暖かく湿った風が新しい季節の到来を告げることから、春の農作業は「東方活動」と呼ばれた。ヨーロッパとは異なり、中国古典文化の四方位は、時計回りに季節を追う形で、東〔春〕からはじまり、南〔夏〕、西〔秋〕と移ろって、北〔冬〕でおわる。この東南西北パターンにしたがって、中国人は八方位を示すとき「東南」や「西北」と言い、ギリシャ・ローマやヨーロッパの八方位の順序〔英語ではサウスイースト、ノースウエスト〕とは正反対である。[2]

その一方で、他の多くの古典文明と同じように、古代中国での主要な方位軸は太陽の動きや季節の移ろいをもとに、東西の軸でありつづけた。英語のイーストに当たる日本語は「ひがし〔東〕」であり、これは「太陽のほうを向く」または「昇る」という意味を持つ「ひむかし」という言葉から生まれた。[3]また、「物」を意味する中国語は「東西《ドンシ》」である。つまり、東と西のあいだに存在するものすべてという意味なのだ。しかし、この主要な軸はその後、より政治的な志向によって修飾されていく。中国の宇宙論〔道教的な〕では、「紫微《しび》」は北極星のことであり、紫微宮に住む紫微大帝または北極紫微大帝を指す。中国の皇帝は「天子《てんし》」であり、北極星に宿る最高神の地上での顕現《けんげん》だった。皇帝は北の高い位置から南を「見下ろして」臣下を見た。彼の左手にあるものすべては、右手にあるものよりも優っていた。しかし、臣下が方角を思い描くときはその逆だ。北を「見上げる」とき、右は好ましさを象徴する東で、左は下級を象徴する西になる。「右側」あるいは「東側」に置くことは、国家や儀式、家庭内のさまざまな場面で特権的な社会的地位を与えることだった。また、東は「主人」、西は「客人」と同義であった。「右姓《ゆうせい》」は貴族や名門の家柄を指し、「右に出る者はいない」という表現は、その人物よりも優れている人がいないことを意味した。対照的に、中国語の「道の左側」という表現は、英米で言うロング・サイド・オブ・ザ・トラックス〔直訳すると道の間違った側〕、すなわち「貧しい地区」という言い回しに相当する。[4]

ユダヤ教やキリスト教のような一神教は、太陽やそれに関連するアポロやヘラクレスのようなギリシャ・ローマ神話の神々を偶像崇拝することとは一線を画し、ひとつの神を支持しようとした。しかし、天地創造の起源が太陽と東方にあるという推定は依然として受け継がれていた。これによって特定の方角を神聖視したり――逆に冒瀆《ぼうとく》したり――することについて、矛盾した姿勢をとることになった。一神教の宗教理論のせいで、東はたちまち移り変わる言語ゲームに巻き込まれた。つまり太陽崇拝の方向としては否定的なものとして軽蔑される一方で、天地創造におけるその役割は肯定的なものとして認められたのだ。たとえば、紀元前二世紀から紀元前一世紀にかけて栄えた神秘主義的なユダヤ教の一派であるエッセネ派は、モーセの律法を守ると同時に、自分たちの救世主を「大いなる光明」として東方に「昇るよう祈り」、まさに太陽礼拝の言葉を用いていた。[5]

正統派ユダヤ教の信仰では、このような露骨な太陽崇拝から文字通り目を背《そむ》けていた。旧約聖書のエゼキエル書には、バビロンに追放された預言者エゼキエルが、エルサレムの神殿における偶像崇拝について述べている。神はエゼキエルに、宗教上「忌《い》まわしいもの」を見せる。「主《しゅ》の宮にその背を向け、顔を東に向け、東の太陽を拝んで」いる人々だ（エゼキエル書八章一六節）[6]。この地理的宗教理論において、太陽を拝むことは、キリスト教の天地創造の場所であり、キリストの再臨の方向である東の真の神学的意義を誤って解釈したものであり、異教の太陽崇拝が残した後遺症として、神を怒らせる罪だった。

ユダヤ教徒やキリスト教徒にとって、東はこの世のはじまりとおわりの中心だった。しかし、宗教理論上の時間の流れと四方位を調和させるのは難しい。というのも、命のはじまりが東でおわりが西だと仮定すると、天国は「上」、地獄は「下」という概念とも、どうにかして融合させなければならなくなるからだ。物語は創世記からはじまる。神は「東のかた、エデンに園を造られた」（創世記二章八節）。禁断の果実を食べたことでアダムとエヴァは東に追放され、そこから堕落後の人類史の物語がはじまる。太陽崇拝は忌み嫌われていたが、それでもエゼキエル書は「イスラエルの神が東のほうから来た」（エゼキエル書四三章二節）と認めている。メシアが再臨するときは、東から来るとも預言している。「稲妻が東から西にひらめき渡るように、人の子も東から到来する」（マタイによる福音書二四章二七節）。太陽礼拝に取って代わろうとしたユダヤ教は、太陽を都市に置き換え、礼拝の方角をエルサレムとその聖地に向けた。信者たちは、「あなたの選ばれた町（中略）に向かって主に祈る」ことを勧められた（列王記上八章四四節）。こうしてミズラハ、つまり東が、ユダヤ人の祈りの方向となった。ディアスポラ〔バビロン捕囚後に四散したユダヤ人〕は、どこにいてもイスラエルに向かって祈った。イスラエルにいればエルサレムに向かい、聖なる都エルサレムに住んでいれば神殿の丘に向かって祈った。ミズラハは、東に面したシナゴーグの壁を指すとともに、祈りの方角を示す各家庭のプレートのことを言うようになった。

初期キリスト教は、ユダヤ教のミズラハをさらに広げ、ラテン語の「アド・オリエンテム」（「東へ」の意）という言葉をさらに発展させることにより、東を神聖な主要方位ととらえた。「オリエント」は、ラテン語圏のキリスト教では二世紀以降、東方を意味する言葉となった。初期の教父やキリスト教使徒憲章（三八〇年頃）として知られる正統信仰の理念と実践を規定した公式文書は、キリスト教信仰における東方の重要性を繰り返し強調している。東はエデンの園があった場所であり、キリストが再臨の際にエルサレムに向かって来られる方角でもあると信じられていた。信徒は次のように促された。

心をひとつにして立ち上がり、東の方角を向いて祈りなさい（中略）東の天のなかの天に昇られた神に。東にある楽園の古《いにしえ》の出来事を思い起こしなさい。最初の人間が蛇の誘惑に屈し、神の命《めい》に背《そむ》いたとき、どこから追放されたのかを。[7]

キリスト教徒たちは自宅で祈るとき、東を向いた。指さして方角を定め、そちらを指定するだけでなく、熱心な信者は東を向いて片膝《ひざ》をついて祈った。初期の教会では東は「クリスティ・フィグラ」と呼ばれ、文字通り「キリストの姿」を具現化した方角とされた。[8] 信仰が発展するにつれて、教会も同じように東向きに建てるよう規定された。ユダヤ教のシナゴーグも同様の精神にもとづいて建てられたが、世界のどこにあろうと会衆はエルサレムを向いていた。つまり、シナゴーグは必ずしも東向きではなかった。同様にモスクは、それが参拝者から見てどの方角であれ、カアバ神殿、すなわちイスラム教の最も神聖な場所メッカのマスジド・ハラームの中心にある石造りの建物のほうを向いていなければならなかった。キリスト教の教会では、祭壇、ひいては執行司祭と信徒は、楽園の方角である東を向くように設計されていた。すべての信仰は、東の方角をもとに「オリエント」されて（つまり方向づけられて）いたのである。したがって、初期のキリスト教徒にとって「ディスオリエンテーション」（方向性の喪失）とは、単に東を見失うことではなく、あるいは一般的な方向感覚を失うことでもなく、真理がどこにあるのかがわからなくなることだった。

礼拝の方角が東に向いていることの意義は、その後のキリスト教神学においても絶えずその特徴でありつづけた。十六世紀のイギリス宗教改革によって、聖職者は聖餐台《せいさん》の北端で、会衆に向かって立つようになった。つまり、彼らは西を向くことになり、改革によって生まれた英国国教会は、カトリックの「東向き」（アド・オリエンテム）の慣習に、文字通り背を向けることになったのである。しかし、より伝統を重んじる信者は、司祭が東を向いて祭壇の手前に立つという初期の教会の慣習を維持した。十九世紀になると、この論争は議会にまでおよび、法制化が必要になった。一八三〇年代から四〇年代にかけ、英国高位聖公会の「オックスフォード運動」は、聖餐式でのアド・オリエンテムを復活させたものの、信者のあいだで騒動となり、最終的には公共礼拝規制法（一八七四年）によって禁止された。アド・オリエンテムを提唱することは、その後も伝統的なカトリック信仰を測る試金石でありつづけた。二〇〇九年、保守派の教皇ベネディクト一六世は、ヴァチカンで行われたミサを公にアド・オリエンテムで執り行った。彼は『典礼の精神』（二〇〇〇年）のなかで自らの考えを説明し、「聖体の祈りの際、東を向くことは依然として不可欠である」と主張している。ベネディクトにとって、これは教会の基本原則に立ち返ることであり、彼は「東に向かって祈ることは、はじまりにさかのぼる伝統だ。さらに、それは宇宙と歴史のキリスト教的統合の基本的表現でもある」とその理由を説明した。アド・オリエンテムは神学的であると同時に建築学的でもある。「わたしたちは、教会を建てる際にも典礼を祝う際にも、東を向くという使徒的伝統をぜひともふたたび取り上げるべきである」[9]。

東を向く

アド・オリエンテムの伝統が初期のキリスト教の世界観にまでさかのぼるという点において、教皇ベネディクトは確かに正しかった。現存する最も強力かつ視覚的な例のひとつが、ヨルダン中央部マダバの聖ジョージ教会の床で今日も見ることができるモザイク地図（紀元五六〇年頃）である。オリジナルの四分の一しか残っていないものの、ヨルダン渓谷からナイル川のカノープス支流まで、聖書の地を描いた最も古い地図のひとつだ。東を頂点とし、エルサレムを中心とした地図のうち、現在知られている最古のもののひとつでもある。

マダバのモザイク画に埋め込まれた聖なる方角は、「マッパ・ムンディ」と呼ばれる、のちのキリスト教中世世界地図において神学的な深みを増したが、それはまた、生と死、天国と地獄という垂直方向の物語に集約される神学に四方位をどう関連づけるかという問題にも直面することになった。『秘跡論』によれば、十二世紀の神学者サン・ヴィクトルのフーゴーは、生徒の一人から「楽園はどこにあるのか」と訊かれたとき、世界地図を指さしてこう言ったそうだ。「目に見えるものをなぜわざわざ尋ねるのだね？　君たちはまず東方からはじまった。ここに生命の木があるだろう」[10]。フーゴーによれば、天地創造は東方で――ラテン語で「イン・オリエンテ」――、中世キリスト教の地図に描かれた特定の場所、すなわち聖書の「エデンの園」で起こった。どちらの言葉も、さらに古いセム語に由来する。「園」は古代イラン語の「楽園（パイリディーサ）」に由来し、それがギリシャ語とヘブライ語に取り入れられた。「エデン」はアッカド語の「平原」とヘブライ語の「快楽」にまでさかのぼることができる。

サン・ヴィクトルのフーゴーは、地球を教会とその教えの象徴であるノアの方舟《はこぶね》になぞらえた。彼の宗教的な地形学では、四方位は深い道徳的な意味を持っていた。「方舟の前部は東を向き、後部は西を向いている。（中略）西には最後の審判がある。（中略）この頂点との北の角には地獄がある」[11]。南はさまざまな世俗的な連想を担っていた。フーゴーは、エルサレムの南にあるエジプトを、暑さ、神学的な暗黒、「肉欲」の領域として、南と関連づけた。しかし、フーゴーの神学と地理学の組み合わせにおいて、永続的な主軸は東西のままだった。彼の神学によれば、「時のはじまりにもたらされたものは東方、すなわち世界のはじまりにもたらされたはずである」[12]。そして、「時間がおわりに向かって進むにつれ、事象の中心は西に移っていったと考えられる。このことから、事象の流れがすでに空間的に世界の極限に達しているように、世界も時間的におわりに近づいていることを認識できるだろう」[13]。聖書の歴史はすべて、頂点である東から、復活によって時がおわる西の最も遠い地点まで、垂直に伸びている。しかし、この軸は、天国を「上」、地獄を「下」とするキリスト教の地理には容易に当てはまらなかった。

地獄はフーゴーによって「北の隅」に位置づけられ、天国は地上の時間と空間の外側に置かれた。

フーゴーのようなキリスト教のヴィジョンと四方位とを融合させることの難しさは、現存するほぼすべての中世キリスト教の世界地図に見ることができる。一三〇〇年頃に作成された最もよい例は、ヘレフォード大聖堂に展示されている。ヘレフォードのマッパ・ムンディには、上から時計回りに、「オリエンス（東）」、「メリディアンス（南）」、「オクシデンス（西）」、「セプテントリオ（北、ラテン語の七が由来で、おおぐま座の北斗七星にちなむ）」と、四方位が外輪に示されている。地図の最上部にはエデンの園が描かれ、その後、エルサレムを中心に旧約聖書の帝国、キリストの誕生、ローマの勃興のイメージを連ね、時間は下へと流れていく。その流れは地図下部のジブラルタル最西端でおわっているが、「ヘラクレスの柱」と記されたこの場所は、この世の果ての古典的表現であり、キリスト教にとっては最後の審判を予示するものだ。地図上の北（左）と南（右）の点は、さまざまな地理的・神学的極限を描いている。北の「耐えがたい寒さ」と対を成すはるか南には、アフリカの膨張した海岸線が描かれ、この地域の過度な暑さによって変形したという想像のもと、異形《いぎょう》の人々や幻の生き物が描かれている。

現存するすべての中世のマッパ・ムンディと同様、ヘレフォード図は空間だけでなく時間も示している。頂上には東が主要方位の王として鎮座し、そこから視線は西へと下り、時のおわりには審判が待っている。地上世界の外側、地図の縁取り部分では、地上の時間はおわり、天国の永遠に取って代わられる。そしてマッパ・ムンディの下隅には、馬に乗ってフレームから飛び出し、去りゆく世界を振り返る人物がいる。彼の表情は判断しづらいが、頭上には「進みつづける」と刻まれている。彼はこの罪深い人生から去ろうとしているようだ。しかし、彼は去りながら、東の方角を切なげに見上げている。あるいは、すべての生命のはじまりの地であり、再生と刷新の場所である日の出を思い出しているのかもしれない。

ヘレフォードのマッパ・ムンディに描かれた四分割は、中世キリスト教の信ずるところをさらに明確にしている。それは、ヨーロッパ、アジア、アフリカ、さらに第四の「対蹠池《たいしょち》（アンティポディーズ。ギリシャ語のアンティポデスから、反対方向に足を向けるという意味）」からなる四大陸にはじまり、イザヤ書とヨハネの黙示録に記されている地球の四隅、楽園の川（ピション川、ティグリス川、ギホン川、ユーフラテス川）、教父たち（アンブローズ、ジェローム、アウグスティヌス、グレゴリウス）、福音書記者たち（マタイ、マルコ、ルカ、ヨハネ）とその四つの福音書にまでおよんでいる。それぞれの大陸、地域、河川、伝道者、書物には、それぞれの方位が与えられている。

旧約聖書は、それ以前の多神教や古典的な宗教から、二元論的な信仰、すなわち根本的に異なると同時に互いに補い合う二つの考え方を受け継いだ。そのため四方位は文脈によって相反する意味を持つようになった。東は神聖な方角として崇《あが》められる一方で、荒れ野や破壊的な風、危険な海の場所として恐れや警戒の目を向けられることもあった。かつて四方位に含まれていた風や天候、移住に関する意味は依然として力を持ちつづけ、神学的な表現に影響を与えることもあった。エゼキエル書では、ツロの商人たちの破滅は、「海の真ん中であなたがたを打ち砕いた」「東風」によって引き起こされた（エゼキエル書二七章二六節）。東に向かうのは、流刑や追放による場合もある。アダムとエヴァ、ロト（創世記一三章一一節）、アブラハムの側女《そばめ》の子供たち（創世記二五章六節）が追放されたのも東だった。西は復活と関連しているが、同時に悪、死、闇とも関わっている（詩篇一〇四章一九～二〇節）。同様にエレミヤ書には、北から「災いが起こってこの地のすべての者に及ぶ」（エレミヤ書一章一四節）という記述があり、イザヤ書で南は「悩みと苦しみの国」（イザヤ三〇章六節）と描写されている。またイザヤ書では、北はサタンと明確に結びついており、サタンはこう主張する。「わたしは天にのぼり、わたしの王座を神の星より高く置き、北の果ての会衆の山に座す」（イザヤ書一四章一三節）。これらの信仰は、誘惑と悪はあらゆる地点から現れるが、神の恵みと救いは世界の四隅のどこにでもあるという推定にもとづいていた。これは天地創造から審判の日までのキリスト教の物語を四方位と一致させることの難しさを一挙に解決する包括的なアプローチだった。

キリスト教が天地創造の地としての東方、そして復活の地としての西方について自らを納得させようとする一方で、初期のイスラム思想は東方の宗教的な力に関して独自の信仰を受け継ぎ、適応させた。ユダヤ教やキリスト教と同様、イスラム教もまた、サバ人のような南アラビアの宗派が行っていた太陽崇拝から距離を置いた。コーランは、星や惑星を崇拝することを明確に禁じており、信者が太陽を崇拝していると連想されるのを避けるために、日の出、正午、日没以外の時間帯に礼拝を行うことを義務づけていた。七世紀以降、イスラム教がアフリカ北部、さらに西部へと拡大したことで、すべてのイスラム教徒が祈るべき方角であるキブラに問題が生じた。キブラとはアラビア語で「反対側にあるもの」を意味し、預言者ムハンマドが存命中はエルサレムを指し、初期のイスラム社会では皆そちらを向いて祈っていた。しかしヒジュリ二年（西暦六二三年）、メッカのカアバ――イブラヒームとイスマーイールによって建てられたと信じられている――が神聖な祈りの方角として発表された。その後、イスラム教徒は「聖なるモスク（マスジド・ハラーム）に顔を向けなさい。あなたがどこにいようと、そちらに顔を向けなさい」（コーラン二章一四四節[14]）と命じられた。エルサレムからメッカ、そしてとくにカアバへと祈りの方向が変わったことは、ユダヤ教やキリスト教とは異なるムスリム〔イスラム教徒〕のアイデンティティを確立するうえで決定的な出来事だった。イスラム教においては、他のいかなる一神教よりも、方角が信仰を形作ったのである。これ以降、アフリカ全土へ、さらにその先の西方へとムスリムへの改宗が広がった結果、キブラはますます東西軸に設定されるようになった。『ハディース』（預言者ムハンマドの言行録）にも、「東と西のあいだにあるものがキブラである」[15]と記されている。これがアフリカ大陸全土の言語にも影響をおよぼした。アルジェリア南部のサハラ砂漠地帯では、イスラム教徒トゥアレグ族連合のケル・アハガル族が、東をエルカブレ（「メッカの方角」）という言葉で表現していたが、祈る人々のあいだではダトアカル（「前方の国」）とも呼ばれていた。[16]

キリスト教とイスラム教が四方位の宗教理論に取り組んでいるあいだにも、神学の理想である東向き（アド・オリエンテム）にふさわしい、新たな方向性が現れはじめていた。航海用具が、礼拝という慣習にまた別の方角の概念を与える助けとなったのだ。十三世紀以降、ヨーロッパと地中海で北を指し示すコンパスが開発され使用されるようになると、北に対する否定的な宗教的連想に変化がみられるようになった。さらに東を西と対比させるまた別の方法が出現するに至って、北はまったく新しい方位の感覚でとらえられることさえあった。詩人ジェフリー・チョーサーは、一三九〇年代に著した『アストロラーベに関する論文』のなかで、主要四方位（彼はこれをラテン語の「部品」に由来する語を用いてプリンシパレス・プラージュと呼んだ）を基準として高度とその土地の緯度を測定するための天文機器の使用について述べている。彼は、アストロラーベの主要な円形プレートの形と構造を、「オリエンタル（東）のライン」と「オクシデンタル（西）のライン」に二分する方法で説明した。[17] チョーサーの本はあくまでも説明書であり、宗教理論やアド・オリエンテムの重要性についての言及はなかった。しかしその代わりに、それは「オリエント」、つまり「上昇する」、そしてその反対語である「オクシデント」（ラテン語で「下降する」または太陽に連想されるように「沈む」を意味する）という言語の一部となり、この二語は東西を区別することにも使われるようになった。[18]

地中海の海上貿易と磁気コンパスを使った航海の需要の高まりは、神聖な方角などにはおかまいなしに起こった。たとえどんなに敬虔《けいけん》なキリスト教徒であろうと、中世の水先案内人にとっては、港から港へ安全に航海することのほうが祈りの方向より重要だった。天地創造の地としての「東」と、海上航海における四方位のひとつにすぎない「東」は、教会で礼拝を捧げるか、仕事で航海するかで使い分ければ、いとも容易に共存させることができた。ヴェネツィアの商人マルコ・ポーロ（一二五四頃～一三二四）ほどこの点についてよく知っていた人物はいないだろう。一二七一年から九五年にかけ、彼はヨーロッパとアジアを結ぶシルクロードと海上交易路を旅し、その体験は『東方見聞録』（『世界の驚異の書』としても知られる）としてまとめられたが、一三〇〇年頃にはさまざまな版の写本が出回りはじめていた。マルコ・ポーロはこのなかで、「大アルメニアとペルシャ、タルタルとインドの大いなる驚異と珍奇」、第五代皇帝フビライのモンゴル帝国、そしてモンゴル人が「南の蛮族」を意味する蔑称として使った「キタイ」または「マンジ」の名で呼ばれる中国について記している。[19] マルコ・ポーロの東は、聖書の聖地であるエデンやエルサレムよりも、彼が「天の都」と呼んだ「キンサイ」（現在の杭州《こうしゅう》）や「カーンバリク」（現在の北京）のような商業の中心地を指していた。[20]

かつて敬虔な響きを持っていた「東」は、十五世紀末にはヨーロッパでますます商業的な連想をもたらすものへと変わっていき、ラテン語の同義語である「オリエント」と呼ばれることが多くなるというもうひとつの微妙な変化も起きていた。これは、マルコ・ポーロが交易のため陸路から中国に入ったことだけでなく、長距離の海上航海、とくにイベリア半島から大西洋へ向けた航海がもたらしたものだった。なかでも最も有名なのは、イタリア人航海士クリストファー・コロンブスのものだろう。一四九二年八月、スペイン南西部のパロス・デ・ラ・フロンテーラを出発し、磁気コンパスを使って西へ船を進めたとき、コロンブスはすでに確立されてはいるものの時間がかかるうえに高くつく陸路ではなく、海路によってアジア市場に到達することを意図していた。彼は「東」に行き着くために「西」へ航行する際、北極の方位をもとに測っていたが、磁気偏差があるため、南へ航行することでコンパスに示された偏角を補正しなければならなかった。

コロンブスの世界像には、中世神学の四方位に対する思い込みが染みついていた。一四九二年十月にバハマに上陸したコロンブスは、五〇〇年前のヴァイキング以来、やがてアメリカと呼ばれるようになる土地に足を踏み入れた最初のヨーロッパ人だった。彼は、出会った風景や人々が、中世の中国、日本、インドに関する記述とは似ても似つかないものであったにもかかわらず、アジアに到達したと確信していた。しかしコロンブスは同時に、時をさかのぼり、東にあったという地上の楽園に近い世界——彼自身がオリエントと呼ぶ世界——にたどり着いたのではないかとも考えていた。一四九三年二月に帰途についたコロンブスは、日記にこう記している。

聖なる神学者や学識ある哲学者たちが、地上の楽園はオリエントの果てにあると言ったのはまさに正しかった。そこは最も温暖な場所なのだ。わたしが今発見したこれらの土地は（中略）オリエントの果てにある。[21]

信仰と地理はこうしてぶつかり合い、コロンブスもその矛盾を認めていた。「最高峰たる頂に船でたどり着けると（中略）そしてその高みに昇ることが可能だと信じているわけでもない[22]」。東方の楽園は地上にあると同時に、それを超えたものでもあった。

東と西の出会い

四方位が航海によって探検されるにおよんで、東を楽園の方角として見るキリスト教の東方信仰は徐々に衰え、マッパ・ムンディがキリスト教の世界観を支配することはなくなった。十六世紀初頭、ヨーロッパによる長距離航海が盛んになると、東は聖なる方向から商業的な目的地へと変化した。コロンブスの航海をきっかけに、一四九四年、トルデシリャス条約が締結され、スペインとポルトガルという競合する二大帝国のあいだで既知の世界を分割することの合意が取り結ばれて、大西洋に「ヴェルデ岬諸島から西に三七〇レグア（レグアは昔の距離の単位。三七〇レグアはおよそ二〇〇〇キロ）」の線が引かれた。「この境界線の西側」にあるものはすべてスペインのものであり、「東側」にあるものはすべてポルトガルのものとされた[23]。楽園と異形の種族は徐々にヨーロッパの世界地図の周辺から消え去り、東洋はさらに別の連想の層をまとうようになった。これはスペインとポルトガルの帝国間によるアジアの富の争奪戦に拍車がかかった結果である。

イタリアの探検家アメリゴ・ヴェスプッチ（一四五一～一五一二）が一四九七年から一五〇四年にわたって行った航海により、「アメリカ」こそがヨーロッパの西にある「新世界」であり、コロンブスが信じていたようなアジアや「インド諸島」の一部ではない別の大陸であることが疑いなく証明され、そこに彼の名が冠された。一五一九年から二二年にかけ、ポルトガルの探検家フェルディナンド・マゼラン（一四八〇～一五二一）が率いて行ったヨーロッパ初の地球一周は、彼の死後に完遂された。ヨーロッパから西に航海して東に到達したことにより、地球の球体としての側面がよりはっきりと理解されることになった。

マゼランの航海がもたらした結果のひとつは、ヨーロッパの地理的想像のなかに、西半球と東半球という明確な存在を作り出したことだ。一五二〇年代後半スペインとポルトガルは、一五二一年にマゼラン艦隊の残党が到達したスパイスの産地として有名なインドネシアのモルッカ諸島で、それぞれの国が関与すべき半球を分かつ子午線《しごせん》がどこにあたるかを議論した。その結果、初めて東半球と西半球を想像した一連の地図や地球儀ができた。これらの地図はおもに二帝国間の外交紛争にもとづいており、ポルトガルは東半球（アフリカと東南アジア）、スペインは西半球（おもにアメリカ大陸）を支配することを示すものだったが、中国やオスマン・トルコのような他の帝国は、このような空想的な地球分割にあまり関心を寄せなかったか、あるいはその存在すら知らなかった。

とはいえ、まずはポルトガルとスペイン、次いでイングランドとオランダのあいだで帝国間の対立が激化するにつれ、東と西、二つの方角について、混乱を招くような言葉が残った。コロンブスが一四九二年に「東洋（オリエント）」に到達したと信じたおかげで、「インディー」（インド、サンスクリット語で川、とくにインダス川を意味するシンドゥーに由来する語）は、ヨーロッパ人が西へ旅するにつれて、北米やカリブ海に移植され、彼らのあいだでその力を保ちつづけた。ヨーロッパ帝国や植民地時代の「アメリカ・インディアン」や「西インド諸島」という用語はここから生まれたものであり、今日でも、多少論争はあるにせよ、依然として使われている（たとえば、クリケットの「西インド諸島」チームのように）。

＊

一六〇〇年、イギリスの実業家グループが集まり、「東インド諸島で貿易を行う商人たちの会社」を設立し、「東インド諸島で貿易が行われる主要な場所」を特定した。[24] 東インド会社として知られるようになったこの会社は、一八七四年に議会法によって消滅するまで、南アジアに対するイギリス帝国の野望において重要な役割を果たすことになる。しかし、スペイン、ポルトガル、オランダと同様、イギリス東インド会社の水先案内人も、ヨーロッパから東方への安全で確実な航路を確立するにあたって、現実的な航海上の問題があることに気づいていた。ここでもまた、解決には時間が必要だった。南北航路の場合は、赤道と並行に南北に走る緯線を使ってある程度の精度で計算できたが（磁気の変動という課題はあるにせよ）、東から西行きの海上航路を計画する際には、固定した天体や磁極を利用することができなかった。地図製作者や航海士は、東西方向の距離を測るには、本初子午線の両側を極から極へ南北に走る架空の経線（子午線とも呼ばれる）を引く必要があった。ちなみに、この本初子午線がグリニッジを通るものであると公式に合意されたのは、一八八四年、ワシントンＤＣで開催された国際子午線会議でのことである。

経度を正確に計算するうえでの問題は、基準となる星や極がないことだけではなかった。東西の距離を測るには、地球の自転（順行運動）を考慮しなければならなかったのだ。その答えは、時間を測定することだった。地図製作者たちは、二つの地点の現地時間が経度によって異なること、そして二四時間で地球が三六〇度回転していることを理解していた。また、一時間の時差が一五度の経度に相当することも知っていた。絶対的な時間の尺度と任意の現地時間を比較することができれば、経度を度、分、秒単位で正確に割り出すことができる。問題は、船上での温度、気圧、湿度、海のうねりの変化に耐えながら、出発点と別の基準点との時間を計測できる正確な時計を作ることだった。一七三〇年代にイギリスの時計職人ジョン・ハリソン（一六九三〜一七七六）によって、吊り下げ式の機構を用いたマリン・クロノメーターが発明されて初めて、海上での正確な計時が保証され、それにともなって経度の正確な測定が可能になった。

ハリソンによる経度問題の解決は、喜望峰を経由する東方貿易においてイギリス海軍とイギリス商人に大きな優位をもたらした。コンパスとクロノメーターの使用により、「西」と「北」がヨーロッパと同一に位置づけられ、文化、創造、繁栄といった一群の連想が確立されるという新たな地政学的展望が生まれはじめた。これらは、東方（ひいては南方）とそこに住む人々に押しつけられた価値観、つまり野蛮、異国情緒、貧困と対極にあるものだった。まず方角として、次に場所として認知されてきた東という概念は、今やヨーロッパの旅行者や商人たちがその地の民族や文化と出会い、定義することよって、ひとつのアイデンティティへと変容した。その結果、「東洋」はヨーロッパ人の想像力のなかで、東洋哲学や神秘主義から宗教、食べ物、言語に至るまで、特定の属性、思想、態度を表す代名詞となった。

オリエンタリズムの台頭

「オリエンタリズム」という言葉は、一七四七年にイギリスの歴史家ジョセフ・スペンスによって生み出された。彼が、ホメロスの『オデュッセイア』の一節に読み取ったものを、ロマンチックで荘厳な「高次のオリエンタリズム」と表現したのである。スペンスにとって、旧約聖書、古代ギリシャ語、ヘブライ語のテキストは、ヨーロッパの東にある文化や言語にまつわる壮大さやエキゾチシズムを呼び起こすものだった。十八世紀後半になると、ヨーロッパの旅行者、商人、学者が「東方」と呼ばれるようになった地域の言語や文学をより体系的に研究するようになり、この言葉はより正確さを帯びるようになった。当初はトルコ、パレスチナ、シリア、アラビアとされていたが、ほどなくしてインド、日本、中国も含まれるようになった。このような研究によって、ヨーロッパ文化が本来的に優れているという考えが生まれ、「東方」の国々やその人々の資質に対する否定的な思い込みが定着した。

このようなオリエンタリズムは、十九世紀を通じ、インドにおける大英帝国の台頭とともに、とくに英語圏において徐々に政治化されていった。とくに重要な転機となったのは、一八三五年、イギリスの歴史家でホイッグ党の政治家であったトーマス・バビントン・マコーレーが、政府のインド最高評議会のメンバーとして「インド教育に関する議事録」を発表した時である。当時マコーレーはインドに一度も足を踏み入れたことがなかったにもかかわらず、サンスクリット語とアラビア語で教える植民地時代の教育制度を頭から否定した。自分は「サンスクリット語やアラビア語の知識はない」とあっけらかんと認めつつマコーレーは、ヨーロッパの東洋学者と話をしても「インドやアラビアの土着の文学全体を詰め込んだところで、せいぜいヨーロッパの優れた図書館の棚一段程度の価値だということを否定できる者は一人もいなかった」と言ってのけた。マコーレーは、「教育を受けたインドの原住民」に提供した新しい植民地カリキュラムのなかで、「われわれは、知る価値のあるものを教えるために彼らを雇うべきである。英語はサンスクリット語やアラビア語よりも知る価値がある。原住民は英語を教わることを望んでおり、サンスクリット語やアラビア語を教わることを望んでいない[25]」と結論づけた。

そのわずか一二年後、イギリスの首相ベンジャミン・ディズレーリは、彼の小説『タンクレッド』（一八四七年）のなかで、「東洋はキャリアである」と述べている。ディズレーリが指摘したのは、マコーレーのような帝国主義信奉者によって確立された「東洋」でのイギリス帝政の業務の伝統についてであった。マコーレーのような植民地に対する思い込みと歴史的無知の組み合わせが見られるのは、イギリスがインドでいかに権威を振るうべきかという点において彼らの先入観が露呈する場面だけではない。それは、マコーレーが「最古にして最高の」古典史家として賞賛したヘロドトス（紀元前四八四頃〜前四二五頃）にまでさかのぼる長い東洋の地政学的神話に根差していた。ヘロドトスの『歴史』（紀元前四三〇年）の序章では、このような神話が随所に見られる。彼は既知の世界を三つの大陸に分けた――ヨーロッパ、アジア、アフリカ（彼はリビアと呼んだ）である。しかし、彼はまた、紀元前五世紀のギリシャの都市国家とペルシャ帝国の戦争について記述するなかで、東と西の対立する勢力間の文化的差異と敵対関係において、変わらぬものの典型について述べた。ヘロドトスは、自由を愛するアテネと専制的な奴隷制を敷くペルシャのあいだに一線を画そうとして、両者の対立をトロイア戦争にまでさかのぼって主張した。トロイア戦争以来「ペルシャ人はつねにギリシャ人を敵視してきた。おわかりのとおり、ペルシャ人はアジアとそこに住む蛮族を自分たちの領土とみなし、ヨーロッパとギリシャ人を別のものと考えていたのだ」[26]。ヘロドトスの文明化された西洋と野蛮な東洋という二項対立は、古代ギリシャを西洋とみなす新古典主義の動きのはじまりだった。スペンスが主張するように、ギリシャは東洋あるいは「オリエンタル」とみなすことができるにもかかわらず、である。

東洋と西洋の方向性の再考については、ドイツの哲学者ゲオルク・ヴィルヘルム・フリードリヒ・ヘーゲル（一七七〇〜一八三一）が『歴史哲学講義』（一八三七年以降）のなかで論理的な結論に達した。これはマコーレーがインドにおける「東洋の教育」についての見解を示したのと同じ年代に書かれたものである。中国、インド、エジプト、ペルシャといった以前の「オリエンタル」文化評はすべて、十九世紀の帝国キリスト教的歴史哲学の精神が劣った形で現れたものだった。東洋文化はことごとく専制主義、非合理性、残酷さ、野蛮さで片づけられた。しかしながらヘーゲルは「精神の夜明けは東にあり、太陽が昇る場所にある」[27]という考えを抱いていた。彼は書いている。「世界の歴史は東から西へと旅する。ヨーロッパは絶対的に歴史の結末で、そのはじまりはアジアにある」。世界史における個人の哲学的発展について、ヘーゲルはつづけて、「最初の段階、すなわち、われわれがはじめなければならない段階は東である」と述べ、さらに、それは「歴史の幼少期である。東洋の帝国の華麗な建造物を構成しているのは実質的な形態であり、そこにはあらゆる合理的な規則や取り決めが見られるが、個人は単なる偶然にすぎない」とも書いている。ヘーゲル曰《いわ》く、東洋におけるこうした「幼稚な」初期の歴史的展開を発展させ、自由な「世界精神」を真に実現するには、啓蒙されたヨーロッパ思想の発展が必要なのだ[28]。

ヘーゲルの「東方」は、もっぱらエリート白人の功績であるヨーロッパの知的優越性という概念に彩られた、突飛な空想だった。その空想は、地球の大半に住む人々を幼稚とみなし、アフリカ、アジア、アメリカの大部分を巻き込んだ植民地化と奴隷化を正当化した。人種と奴隷制に関するヘーゲル自身の見解には、コロンブスは先住民を自らの本当の「精神」に目覚めさせた英雄であり、奴隷制はアフリカの黒人が彼ら自身を真に「知る」ようになって初めて、徐々に廃止されていくべきだという考えが含まれていた。[29] にもかかわらず、ヘーゲルの世界史の地政学的・哲学的概要は、「東洋」文化を「文明的」価値観に欠けるものとみなす「西洋」世界の多くの人々のあいだで、いまだに揺るぎない力を持っている。

マコーレーやヘーゲルをはじめとする思想家や政治家の考え、行動、そしてそれが生み出す現実については、戦後の脱植民地化の時代を経て二十世紀後半になったところで初めて、パレスチナの批評家エドワード・サイードのような作家によって、本格的に異議を唱えられるようになった。彼の著書『オリエンタリズム』（一九七八年）は、ヨーロッパのオリエンタリズムの伝統に対する一貫した挑戦としては初の試みだった。サイードはこの本のなかで、オリエンタリズムは主として学術的、学問的な探究を指すものだという既成概念を受け入れつつ、さらに一歩踏み込んだ。サイードの考えとしては、ヨーロッパは自らを西洋として定義するために、東洋のイメージを作り上げた。一方がなければ、もう一方は成立しないものなのだ。オリエンタリズムはほとんど一方的に作り上げられ、ヨーロッパが自国の希望と恐怖を投影することによって生かされてきた。サイードは書いている。「オリエントはヨーロッパに隣接しているだけでなく、ヨーロッパにとって最も豊かで最も古い最高の植民地であり、文明と言語の源であり、文化的な競争相手であり、心の奥底から繰り返し蘇ってくる〈他者〉のイメージのひとつでもある」。その結果、「オリエントは、その対照的なイメージ、思想、個性、経験として、ヨーロッパ（あるいは西洋）を定義するのに役立ってきた。しかしこのオリエントはどれも単なる想像の産物ではない。

オリエントは、ヨーロッパの物質文明と文化の不可欠な一部なのである」。「東」の政治的投影なくして「西」は存在しない。どこかを「別の場所」と表現するとき、ヨーロッパのオリエンタリストたちは当然のことながら「ここ」、つまり自分たちの文化、思想、住む場所《ハビトゥス》を表現していたのである。

サイードは、オリエンタリズムは単なる学問的、創造的な行為ではなく、「オリエントを扱うための企業制度、つまり、オリエントについての声明を出し、オリエントについての見解を承認し、オリエントについて説明し、オリエントについて教え、オリエントに植民し、オリエントを監督することによってオリエントを扱う、つまり、オリエントを支配し、オリエントを再編成し、オリエントに対して権威を持つための西洋的手法としてのオリエンタリズム」を生み出した、根本的に政治的、高圧的な手段でもあったと主張した。サイードにとってオリエントとは、ヨーロッパの思想家、芸術家、政治家が、サイードが「心象地理」と呼ぶものを実践し、発明したものだった。「心象地理」の実践として真っ先に思い浮かぶのは、一八五〇年に英国インド庁によって初めて作られた「中東」という概念である。しかし現代におけるその地政学的・戦略的意味は、一九〇二年にアメリカの海軍戦略家アルフレッド・マハンが、「アラビアとインド」のあいだに広がる地域に対するイギリスとロシアの帝国的野望を説明するために考案したものだった。いずれにせよ、四方位をもとに作られた多くの地政学的定義と同様に「中東」は、時代によって、またそれをとらえる人によって異なる、政治的に動くターゲットとなった。それはカイロからビルマまでの広範囲に広がり、ヨーロッパがこの地域に対して抱く植民地支配の目論見が移ろったり競合が生まれたりすることによって左右されるようになったのである。

今日、アメリカ国務省のような西側の組織は、「中東」と名づけられた地域に関する事柄を、その近東局（ＮＥＡ）――まぎらわしいことに、この部署はまた、近東アジア局としても知られている――に付託している。ＮＥＡは、レバント、マグレブ、アラビア半島問題など、一〇の小地域事務所に分かれている。ＮＥＡによれば、モーリタニア、キプロス、アフガニスタンは近東に属さないが、モロッコとパキスタンは属するそうだ。国連食糧農業機関（ＦＡＯ）はこれに同意せず、ワシントン近東政策研究所（ＷＩＮＥＰ）は米国務省の呼称に沿うよう努力しているものの、必ずしも成功していない。この地域の呼称にさえ一貫性を持たせることができないようでは、米国の政策が偏向的で非効率だと非難されるのも無理はない。

東と「近東」「中東」「極東」の区分は、西洋帝国主義の想像力のなかで長い歴史を持っている。最も有名な詩的描写のひとつは、大英帝国支配下のパキスタンとアフガニスタンの北西辺境にインスピレーションを得たものだ。大英帝国の熱狂的な支持者であるラドヤード・キップリングの詩『東と西のバラード』（一八八九年）である。キップリングは、東洋と西洋の絶対的な違いについての有名な一節でこの詩を綴《つづ》りはじめている。

ああ、東は東、西は西、そして両者が出会うことはけっしてないだろう

この一節と詩に込められた感情の多くは、詩篇一〇三章の一節に着想を得ている。「東が西から遠い

ように、主《しゅ》はわれらの罪をわれらから遠ざけてくださる」（詩篇一〇三章一二節）。ここでの神の罪を赦《ゆる》す能力は無限であり、東と西のように、一度取り除かれた罪が二度と近づくことはない。同様に、定点や「極」を持たないがゆえに、東と西はけっして出会うことがない。西に向かって旅をするとき、ある地点に到達したからといって東向きに変わることはないし、その逆も不可能だ。コンパスに関する限り、わたしたちは永遠に東へ進むことができる。これは、北か南へ旅する場合、最終的にどちらかの極にぶつかり、「逆」の方向に進みはじめるのとは対照的である。少なくとも、極地が持つ心象地理の力によって人はそう思わされる。しかし、キップリングはさらに先をつづけ、当初は絶対的だった二方位の分断に修飾を加える。

大地と空が神の偉大な審判の席に立つまで
しかし東もなければ西もない、国境も、種族も、素性もない、
二人の強い男が相まみえるときは、たとえ両者が地球の両端から来たとしても！

東洋と西洋の境界線は、最後の審判の日に解消される。あるいは、二つの文化圏の二人の戦士が互いの男らしさを試すときに。それはまさにキップリングがこの詩で描いているアフガニスタン人の馬泥棒とイギリス人将校の出会いに当てはまる。衝突ののち、二人は互いを賞賛するようになり、「血を分けた兄弟の誓い」を立てる。詩は最初の連《れん》を繰り返し、東西間の社会的分裂の限界を再度唱えながらおわ

る。しかし、そのような理想化されたイメージは全面的に、キップリングの西洋的、帝国的、キリスト教的な男性性によるものである。彼はその人種も宗教も超えた男の友情物語を英国帝国主義の神話まがいのものとして破棄することをせず、東の――そして西の――理想を創り上げる。しかしそのすべては西洋人の作家の観点で――さらに言えば女たちの存在は完全に無視して――書かれたものなのだ。

まさしくキップリングの詩は、「東洋人」が住む場所としての「東洋」という観念は純粋に西洋の書き物や思考が創り上げたフィクションであるというサイードの主張の良い例である。それでもなお、この詩は力強く、物語として広く浸透していることは間違いない。V・S・ナイポールは、一九六五年に書いた短いエッセイ『東インド人』のなかで、植民地化がもたらした「東」と「西」という用語の混乱と、文字通りその下で労働することを要求される人々のブラックコメディにも似た状況をとらえている。インド人の血を引いてトリニダードに生まれたナイポールは、その事実を強く意識せざるをえなかった。「西インド諸島出身のインド人あるいは東インド人であることは、それ以外の地域の人々には絶えず驚きの対象となる。(中略)本物のインド人がいるのが世界の反対側であれば、混乱はほとんどなかった」のだが、一八四〇年代にインド人年季奉公労働者がカリブ海に移送されはじめると、「完全な混乱状態に陥った」。イギリスの植民地支配下では、「アメリカ・インディアンや西インディアン」と区別するために、「移民たちは東インディアンと呼ばれた。一、二世代後には、東インド人は西インド諸島の定住住民とみなされ、在西インド東インド人と考えられるようになった。その後、国民感情が高まった。統合が叫ばれ、在西インド東インド人は東インド系西インド人になった」[30]。方向性としてもアイデンテイティとしても、「東」はつねに移動していた。

東からの眺め

ヨーロッパの東洋幻想に描かれたすべての人が、こうしたステレオタイプを受け入れていたわけではない。十八世紀後半、ヨーロッパの列強が中国で存在感を示しはじめた頃から、清朝（一六四四〜一九一二）は世界における中国の位置づけを見直しはじめた。それまで中国はつねに自らを世界の中心に位置する中國（ジョングゥオ）とみなしていた。十九世紀後半から地政学において西洋が台頭してくると、中国は自らを「東洋」と意識せざるをえなくなった。毛沢東の文化大革命（一九六六〜七六）のもとで、これはさらに重要な意味を持つようになった。ブルジョワ資本主義の西側に対抗する立場を確立しようと目論んだ中国共産党はそのプロパガンダにおいて、毛沢東支配の表現として、東の朝日の視覚的象徴を用いた。文化大革命の非公式な国歌に至っては、『東方紅《とうほうこう》』と題して、毛沢東のもとでのプロレタリア革命の新時代の夜明けを祝うものだった。

東に太陽が昇った
中国は毛沢東を生み出した
共産党は太陽のように
偉大な革命をもたらす

これは、一九四五年の第二次世界大戦終結後に生まれた、より広範な地政学的東西提携の一環だった。東ティモール、東ヨーロッパ、東ドイツ、東ベルリン――東は中国からヴェトナム、チェコスロヴァキア、ポーランドに至るまで、マルクス・レーニン主義的共産主義の代名詞となった。東はもはや、植民地化するためのエキゾチックな場所ではなく、北京からワルシャワまで、共産主義国家の移動可能な土地となり、二項対立をなす西との実存を懸けた敵対を余儀なくされた。一九八九年にベルリンの壁が崩壊し、一九九一年にソ連が崩壊すると、東西間の政治的・地理的な一局面はおわりを告げた。

その結果、今日の中国は、東であるという感覚と、西を受け入れたい願望のあいだで葛藤を抱えている。中国国家は、西側諸国の経済的・政治的衰退とは対照的に、東側諸国では自国が台頭していると考えている。北京の政治エリートにとって、グローバル化した世界は東へシフトしており、その中心は中国国家であるから、西側はその優位性を認めてしかるべきだというのだ。しかしより一般的なレベルでは、多くの中国人にとって、西は依然として夢見る方角であり、憧れの目的地である。二〇一二年以降、「アメリカン・ドリーム」の神話を「チャイナ・ドリーム」で打ち消そうとしてきた党のプロパガンダにもかかわらず、中国人は依然として自国を離れ、記録的な数で東から西へ移動しつづけている。[31]

*

東という概念は、太古の日の出の連想にはじまり、そこから政治的にも地理的にも、空間的にも時間的にも、長い道のりを旅してきた。アニミズム的、多神教的な太陽崇拝から、天地創造の東方起源を信じるアブラハム信仰に至るまで、それは文化的起源と個人のアイデンティティを示す動く標識となってきた。東はまた、他のどの方位よりも深いところで、純粋な方角としての意味を失っている。人工的に照らされた高層ビルの建ち並ぶ都市環境の発達により、わたしたち都市生活者の多くは、現代の労働生活のリズムのせいで、地平線や日の出を見ることがほとんどない。わたしたちは文字通りオリエントを見失った、すなわちディスオリエント（方向感覚を失う）の状態にあるのだ。

今日、東として理解されているものは、地球上のどこに住んでいようと、他のどの方位よりも急速にその地理的・政治的意味を変えつつある。この方向転換の背景には中国がある。二〇一三年、中国の習近平指導者は「一帯一路」構想（ＢＲＩ）を発表した。この構想はまた、「シルクロード経済ベルト」とも呼ばれ、その名称が示すように、東から西へとつづく新たな「シルクロード」を意味するが、その規模はまったく異なるレベルにある。これは一五五カ国のインフラ整備に対する中国の政治的・経済的投資をともなうもので、世界人口の七五％近くとＧＤＰの半分に影響を与え、北京からヴェネツィアまでの海路と陸路に広がる構想なのだ。支持者は、ＢＲＩは他に類を見ない世界的な経済成長を促進し、アジア、アフリカ、ヨーロッパをかつてないほど強く結びつけると見ている。一方、批判者は、中国が環境や人権への懸念を尻目に、国際舞台での政治的影響力を金で買い、世界の貿易ネットワークを独占する兆候だと考えている。その結果がどうであれ、ＢＲＩは全世界の東に対する見方を再定義し、毛沢東の「東」の共産主義勢力から、より古い帝国思想の「中國」へ、世界の中心に位置する「中華帝国」

へと自らを回帰させるものだ。[32]

東洋に対するヨーロッパの伝統的な植民地的思い込みもまた、異なる方向に向かっている。これまで「東」と呼ばれてきた地域の多くは、今や「グローバル・サウス」の一部となり、先進国である北と西の重なり合う政治体制の優位性を脅かす政治軸を形成している。東はもはやヨーロッパの植民地支配の地ではなく、単なる新たな一日と時の流れの象徴ですらない。シンガポール、韓国、ヴェトナム、台湾といった世界で最もダイナミックな経済圏と、遠からず世界最大の経済大国になるかもしれない中国が位置する場所だ。それは世界の未来の方角なのである。

第2章　南

南部の安らぎ

「どこの文化にも南部人がいる」とスーザン・ソンタグは小説『火山の恋人』（一九九二年）のなかで書いている。シチリア島の中心都市パレルモ、「南のなかの南」について描写したあと、彼女は南部人についてで語っている。

できるかぎり働かず、踊ったり、呑んだり、歌ったり、喧嘩《けんか》したり、浮気した連れ合いを殺したりすることを好む人々。人一倍大げさな身振り、生き生きした瞳、カラフルな服、派手に飾りたてた車、素晴らしいリズム感、そして愛嬌《あいきょう》、一にも二にも愛嬌。向上心がなく、怠け者で、無知で、迷信深く、奔放な人々。時間にルーズで、ひときわ貧しく（そうでなきゃ嘘《うそ》だろうと北部人は言う）、貧しくて薄汚いくせにどこかうらやましい生活を送っている。そう、彼らはうらやましがられている。仕事熱心で、節度ある性生活を送り、比較的腐敗の少ない政府のもとで暮らす北部人たちから。わたしたちは彼らより優れている、と北部人は言う。優れているにきまっている。わたしたちは義務を怠ったり、あたりまえのように嘘をついたりしないし、よく働き、時間を守り、信用を保っている。それでも、彼らはわたしたちより楽しんでいる。

仕事に忠実な北部人にとって、南部人は魅惑的だ。「テーブルの上で踊ったり、扇子《せんす》であおいだり、本を手に取ると眠くなったり、リズム感がよくなったり、気が向いたときにいつでも愛を交わしたりしはじめたら、それは南に染まった証拠だ」[1]。

ソンタグの南部礼賛《らいさん》は、北ヨーロッパ人から見た、文学的に型にはまった表現のひとつだ。サルデーニャ出身のマルクス主義哲学者アントニオ・グラムシ（一八九一〜一九三七）にとってこれは意識せざるをえない問題で、そのエッセイ『南部問題』（一九二六年）のなかで彼は皮肉たっぷりにこの件を取り上げている。グラムシは、南部のステレオタイプは、イタリアのより深い経済対立を覆い隠すために作られた政治的、イデオロギー的な幻想だと考えていた。「南部は、イタリアが急速な社会的発展を遂げるのを妨げる足枷《あしかせ》である。南部人は生物学的に劣った存在であり、蛮族に近いか、あるいは蛮族そのものだと天によって定められた者である。南部が後進的であるとすれば、その責任は資本主義体制やその他の歴史的要因にあるのではなく、南部人を怠け者で無能な犯罪者や野蛮人にした自然にある」[2]。

ソンタグもグラムシも、それぞれ異なるやり方で、南が地理的な場所や個人のアイデンティティであるだけでなく、ひとつの概念であることを認めている。東西の軸と対照をなすかのように、官能的な南も後進的な南も、北との対比によって定義されている。南は何世紀ものあいだ、歴史から取り残された場所のように扱われてきた。北半球にとってのアイデアや空想の宝庫であり、「ディープ・サウス（南部の奥地）」や「ダウン・サウス（南に下ったところ）」のように、四方位中、その尺度として深さを持つ唯一の方角のように思われてきた。

このような流動的で無形の概念としての南の感覚は、作家たちに豊かな素材を提供してきた。一九五三年に書かれたホルヘ・ルイス・ボルヘスの短編小説『南』（原題はスペイン語で「エル・スール」）では、中心人物のファン・ダールマンがブエノスアイレスを離れ、「南の牧場」で療養する。ボルヘスによれば、「アルゼンチン人なら誰でも、南部はリバダビアの向こう側からはじまることを知っている」。そこからは国の南東部の広大な平原、パンパが広がっている。汽車に乗ったダールマンは、自分が「単に南ではなく過去へ旅している」ことにうすうす気づきはじめた。そして地元の商店で彼が農民たちにからまれたとき、一人の老ガウチョが、ダールマンの足元にナイフを投げてよこした。ガウチョは「南部の要約であり、暗号である。（中略）もしも南がダールマンは決闘に応じるべきだと決めたなら、そうするしかないのだろう」。自分の運命を感じたダールマンは、これこそ自分が選んだ死だと不意に確信し、南の「平原へ」不確かな運命に向かって歩き出す。

ヨーロッパによるアメリカ植民地時代の遺産が混在するアルゼンチンの寓話として、また幻想と現実がせめぎ合う状況の投影として、その時々でさまざまな読み方をすることができるが、ボルヘスの物語の根底にあるのは、昔ながらの本物のアルゼンチンとしての南部、到達不能な場所としての南部、そして移り変わる心象としての南部という概念である。ボルヘスを崇拝するサルマン・ラシュディのような人々もまた、南部を蜃気楼《しんきろう》のようにとらえていた。ラシュディの『南方にて』（二〇〇九年）は、ジュニアとシニアという二人の友人の視点から死について考察している。ジュニアがソンタグの言葉を借りて、「北の冷たい魚たち」とは対照的な「温かくのんびりして官能的な」南部人であると自らを表現すると、シニアはこう反論する。

南なんてのは、人がそう呼ぶと決めたから存在しているだけの作り物だ。仮に人が地球をさかさまに想像していたと考えてみろよ！　そうしたらおれたちは北部人じゃないか。宇宙には上も下もない。犬には北も南もない。その点、コンパスの方位は貨幣みたいなもんだ。人が価値があると決めたから価値があるだけなんだよ。[3]

美しき南

南のパワーは、少なくとも古代エジプトまでさかのぼることができる。東から昇る太陽は生命をもたらし、太陽神であり原初の創造主であるラーとして擬人化されたが、南北の軸もまた日常生活のリズムに強力な影響を与えた。それが決定づけられたおもな要因は、肥沃《ひよく》なナイル川である。ナイル川は南の上《かみ》エジプト――さらなる源流は東アフリカ――から北の下《しも》エジプトへ流れて、やがては地中海に注ぐ。南が主要な方向となった。ヒンティ（〜の前または南）、フウィ（〜のうしろまたは北）、イスブト（〜の左または東）、イムント（〜の右または西）というエジプト語は、つねに南が優先されるという方向性を裏づけるもので、これは古代エジプト文化で四方位を列挙するときの南、北、西、東という順序にも反映されている。[4]

しかしここで神聖な方位軸を明確に理解できたと思っても、実際にはエジプトの物理的な地形によって、それはより複雑なものとなっている。古代エジプト（紀元前三一五〇頃〜前二六八六頃）において、上エジプトでは、ナイル川が北に向かって流れる一筋の流れであったため、おもな方位軸として南北がすぐに認識され、イメージされていた。しかし、ナイル川がさまざまな支流に分かれ、アレクサンドリアからポートサイドに至る広大なデルタ地帯を形成している下エジプトでは、単純な南北の方向性を思い描くことは難しく、むしろ明らかな太陽の東西の動きをたどることのほうが容易だった。

このようなエジプトの方向感覚は、現存する第三〇王朝時代（紀元前三五〇頃）の石棺の蓋《ふた》に描かれた、葬儀に関連する一連の絵文字（ピクトグラム）にも見ることができる。この優美な宇宙観では、二つの方位軸の対称性は、すべてをつかさどる天空の女神ヌトの姿に統一されている。ヌトの前屈した体は、天蓋《てんがい》を表し（上部に示された星と太陽の動きも含まれる）、その手は彼女の足と同じ地面の上にある。足と手のあいだには大地の神ゲブがおり、円形の世界を支えている。その上では、光と大気の神シューが座し、天空を支える。外側のリングには、エジプトの国境を越えた近隣のさまざまな共同体が描かれている。左側の東の女神と右側の西の女神の手足が円を囲むようにカーブし、その挙げた腕が大空を航行する二隻の太陽の船を支えている。これにより、南と上エジプトを頂点とするこの絵文字の方向性が明らかになっている。一番内側の円は、エジプトをさまざまなノーム（地域）に分けて描いている。南を頂点とする石棺の地上世界は、日の出と日の入りの東西軸に沿って想像される死と再生の宇宙観とも適応することが可能だ。この天地学を頂点まで高めたものが、あらゆる埋葬モニュメントのなかで最も偉大な古代ピラミッドの神聖な建築方位に適用されている。ナイル川の西岸に建てられ、主要四方位に合わせた正方形の土台に積み上げられたピラミッドの頂点は、天界と死後の世界への入り口とされる北極星を示していた。ファラオは、再生と不死を期待し、一連の精巧な葬儀を通じて副葬品とともにその遺体の準備が整えられる。そののち、まず北に向かって空に昇ってから、沈む太陽の動きにしたがって死者の行く先である西へと向かうのである。[5]

初期のイスラム思想もまた、南向きの宇宙観を抱いていたが、その理由はまったく異なっており、古代エジプトの伝統から影響を受けていたという明らかな証拠も見られない。イスラムの宇宙観は、ユダヤ教、古代ギリシャ文明、キリスト教、さらには古代イランで信仰されていたゾロアスター教から、偏《かたよ》りを持ちつつも広範囲に取り入れられていた。[6] ムハンマドがメディナに住んでいた頃、彼の神聖な祈りの方角であるキブラは、メッカのある真南に位置していた。ゾロアスター教の信仰も南を主要な方角としており、ムハンマドがメディナにいた頃の初期のイスラム信仰とこれが結びついたことで、エジプトやパレスチナのアラビア語の方言のなかには、キブラという言葉を「南」の同義語として使うものもあった。メディナの真北にあった部族の多くがイスラム教に改宗したため、キブラは当初真南とされ、すべてではないものの、イスラム文化の世界地図のほとんどが南を頂点とするようになった。

十世紀になると、バグダッドを中心とするアッバース朝カリフでは、理論的な宇宙観から実用的なものまで、さまざまな地図が作られるようになった。とくに影響力があった様式は、「旅程と領域の書物」として知られるもので、貿易、巡礼、行政に関するものだった。この伝統は、十世紀後半に活躍した比較的無名の地図製作者ムハンマド・アル＝イスタフリに代表される。一二九七年にペルシャ語で書かれたアル＝イスタフリの世界地図は南を頂点とし、中央の円のなかに陸地がある。左上のアフリカはインド洋に深く伸びる大きな爪のように描かれ、右上から下に走る縦棒はナイル川で、三つの赤い円形の島――キプロス島、クレタ島、シチリア島――が浮かぶ地中海に流れ込んでいる。この三つの円の下にある三角形はヨーロッパを表し、その頂点にはイスラム圏であるスペイン（アル・アンダルス）が描かれている。この地図の最も細かい部分はイスラム帝国の中心部にあり、さまざまな行政区が赤できちんと区分けされている。メッカとメディナという著名な聖地を擁するアラビアは、地図の中心に位置している。[7]

これまで見てきたように、同時代のキリスト教のマッパ・ムンディは、宗教的な理由から東を最重要の方位としていた。ほとんどのイスラム教地図はアル＝イスタフリに倣《なら》い、同様の理由で南を重んじていたものの、視覚的・宗教的な結果は大きく異なっていた。その後、何世紀にもわたってイスラム帝国が成長し、北アフリカやアジアに広がるにつれて、メッカに向かう正しい祈りの方向を知るためのキブラの計算方法はますます複雑になっていった。アル＝イスタフリが描いたような地図は、南を聖なる方位とするためにメッカを中心に置いていたとはいえ、その陸地を示す円の半分近くは、ナイル川の源というまた別のぼんやりとした想像をはるかに超え、サハラ以南のアフリカの未知の土地へと「上方」に伸びていた。南は上へ、さらにその先へと、果てしなくつづいていたのである。

地球の反対側、中世アイスランドでも、南は最重要の方位と考えられていた。中世アイスランドの学者たちは、アジア、ヨーロッパ、アフリカの三大陸を基準に世界地図を作成するという古典や初期キリスト教の伝統を取り入れつつも、一般的な東を上にする形式から反時計回りに九〇度回転させ、南を地図の上にした。一三〇〇年から一三二五年頃のものとみられる、アイスランドの不詳の地図製作者による半球状の世界地図は、ラテン語と古ノルド語の筆写を組み合わせつつ南を上に作られている。その中央には、アジアを左に、アフリカを右に、ヨーロッパを下に、図式的な地図が描かれている。地図では地球を気候によって分割し、北極圏や二つの熱帯と赤道も示されている。太陽と月の軌道が黄道《こうどう》十二宮《きゅう》の星座とともに描かれ、全世界（古ノルド語ではウム・アラ・ウエロルドと表現されている）の周りには海（メギン・ハフ）がある。地図の中央にあるシンリ・バイゴという言葉は、古ノルド語で「南の居住可能な土地」を意味する。古典的、キリスト教的、アイスランド的な信仰の組み合わせによって、アイスランドの人々は自分たちがヨーロッパの最北端に位置しているという意識をもっており、それゆえ南を一番上に置いたのである。北緯六三度四分と六六度五分のあいだ、北極圏のすぐ南というヨーロッパの最北に住んでいるアイスランド人は、当時も今も、人が住む世界に向かって南を「見下ろし」、暗く人を寄せつけない北を「背後」に置いている。[8]

　中国古典の宇宙観もまた南を尊ぶものだが、これはより政治的、帝国的な考えにもとづいていた。中国語の「南」の古代の象形文字は「草木」から成り立っており、寒冷で乾燥した北から見た南の豊かな植生を連想させた。南は肥沃さ、暖かさ、豊かさの方角であった。またこの言葉を用いた「指南車《しなんしゃ》」というものも生まれた。歯車によって動く二輪車で、上に乗った人形が南を向く仕組みになっている。その起源や仕掛けについては諸説あるものの、紀元前一千年紀から、帰国した使節団が中国領土に入る際に使われていたようだ。こうした儀式的側面は、皇帝の権力にも影響を与えた。重要な行事や謁見《えっけん》の際、皇帝は南向きの「龍《りゅう》座」に座っていた。これにより「南面する」とは皇帝になることを意味し、皇帝は「下」つまり南を向き、臣下は「上」つまり北を向いて、君主に敬意を表した。このような皇帝の方位に関する序列は、宮廷や学校、さらには家庭でも模倣され、南向きの席は最高位の官吏や教師、家族のためのものとなった。[9] こうした理由から中国初期の地図の方位は北を頂点とするものが多く、成長と豊穣の方角である南を見つめる皇帝を、臣下たちは北向きに見上げていた。

「エネルギー」、「頑強さ」、「力」などの意味に解釈できる儒教の「強」の原理の中心となっているのは、バランスを理解することだった。儒教初期の古典『中庸《ちゅうよう》』のなかで、衝動的な性格の弟子、子路《しろ》が孔子に強さについて質問したとき、孔子は南北のバランスについて説明する形でこう答えている。

> 子路は強さについて尋ねた。師は言った。南方の強さのことか、北方の強さのことか、それともお前自身の強さのことか。寛容さと優しさをもって人を教え、理不尽な行為にも報復しないのは、南方の強さである。これは君子が達する境地である。鎧《よろい》を褥《しとね》として、死も厭《いと》わず戦うのは、北方の強さである。これは強者が達する境地である。故《いにしえ》に君子は和して流されず、矯《きょう》とした強さを持つ。中立して偏《かたよ》らず、矯とした強さを持つ。[10]

南の思慮深いエネルギーと北の闘争的なエネルギーのあいだの温和なバランスをとることで、二つの力のあいだの中庸を育むことが可能になるという教えである。

南の新発見

アリストテレスからティモステネスに至るギリシャ人の方位に関する考え方のなかから、キリスト教は二つの概念を取り入れ、後世に伝えた。ひとつ目は、地球は五つの気候に分かれているというアリストテレスの考えで、その気候には、北のおおぐま座にちなんで名づけられた北極圏「アークトス」と、その対極にある南極大陸、さらには温暖な南の大陸「アンティポデス」が含まれていた。これが、現在オーストラリアとニュージーランドが対蹠地《たいしょち》（アンティポディーズ）と呼ばれるもとになっている。実際、「オーストラリア」の名はラテン語のアウステル（南）に由来し、これは風を表すのに使われていたものだ。「テラ・アウストラリス」と名づけられたこの南方地域にヨーロッパ人が到達する何千年も前に、アリストテレスはすでにその存在を予見していたのだ。二つ目の概念は、方位の持つ民族学的な側面である。ティモステネスは、三つの南の風ノトスをエチオピアと同義語とした。エチオピアはギリシャ・ローマ時代にアフリカを十把ひとからげで呼んでいた呼称である。

ヨーロッパ中世になると、ギリシャ・ローマの伝統は聖書の天地創造の観念に合うように修正された。セビリアのイシドルス（五六〇頃～六三六）が、当時絶大な影響を持っていた『語源学』に記したところによれば、「南」は「メリディエス」だが、「その語源は太陽がそこで昼間（メリディウム・ディエム）を作り、あたかも世界が「真昼（メディディエ）」であるかのように見えるため、あるいは、メルスには純粋という意味もあることから、その時エーテルがより純粋に輝くためである。空には東西の二つの門があり、太陽は一方の門から入り、もう一方から出る」[11]。中世のマッパ・ムンディでは、アフリカのエチオピアとナイル川から、アジアのインドとタプロバナ（現在のスリランカ）までが南として描かれ、それよりもさらに南は「テラ・インコグニタ」とされていた。南は率直なところ「未知なる土地」だったのである。イシドルスが古い語源から導き出した「純粋さ」の意味はすぐに消え去り、南に関してさまざまな否定的な連想が生まれはじめた。その方角には、未開で遊動型の戦《いくさ》好きな（それでいて怠惰な）人々、そして幻の生き物が棲んでいるとされ、とくに蛇が好んで描写された。

中世の地図から怪物めいた動物や種族が消えていくにつれ、ルネサンス期の地図製作者たちは、航海学と南方にまつわる一般的な固定観念を融合させ、特定の人種を用いたウインドヘッド（風を擬人化した装飾）を作り出した。南の方角は、定番としてちぢれ毛の黒人の姿で描かれることが多かった。北ヨーロッパの人々にとって、南部はもはや怪奇にあふれた方角でこそなくなったものの、エキゾチックでありながら恐ろしい異人種が存在するつかみどころのない場所だった[12]。ヨーロッパの文学的想像力は、広大で温暖な南の大陸への期待に煽《あお》られ、数多《あまた》の怖れを投影しつつも、このまだ発見されざる「何もない場所」、またの名を「ユートピア」への憧れを映し出した。ルネサンス期の最も影響力のある二つの文献、トマス・モアの『ユートピア』（一五一六年）とフランシス・ベーコンの『ニュー・アトランティス』（一六二六年）は、いち早く南方に理想の世界を創り出した。モアはカリカット（現コーリコード）以南のインド洋に、ベーコンはペルー以西の太平洋、つまり彼の言う「南の海（当時の南太平洋の呼称）」に、それぞれ理想郷を設定した。そこを足掛かりに、彼らが思い描く世界は、南を無限の可能性と再生の場として認識することにより、まったく異なる意味を持つようになる。

ヨーロッパから「テラ・アウストラリス」への船旅とそこでの新たな発見が期待されていたが、現実的には、その概念と位置に対する認識が絶えず変化することもあり、困難に満ちたものだということがわかった。一六四〇年代、オランダ人はオーストラリアの西海岸（当初は「ニューホランド」と名づけられた）とタスマニア（アベル・ヤンスゾーン・タスマンにちなんだ名）に到達したものの、これが本当に南の新大陸なのか、それとも単なる島のひとつなのかは不明だった。十七世紀初頭の長距離の船旅はアメリカ大陸とアジアを結ぶ東西の航路に重点が置かれ、極地を南北に縦断する航海に挑んだところで、極端な気候のもとで暑さや氷を相手に命を落とすだけだと考えられていた。

しかし、南方の魅力は依然として残っていた。一七一一年、イギリス政府は南海会社の設立を支援した。南海会社は、アメリカ大陸と「南の海」でアフリカ人奴隷を売買することにより国家の債務を減らすことを目的とした株式会社だった。しかし、スペインとポルトガルが奴隷貿易を事実上独占していたため、会社は一七二〇年に破綻し、投資者の多くが破産した「南海泡沫《ほうまつ》事件」として知られるようになった。ジョージ王朝時代のイギリスにおける最も深刻な政治的・経済的危機のひとつであるこの事件は、地球の反対側にあってほとんど知られていない「南」を、単なる空想にまかせてとらえていたことが一因となっていた。

このような経済的愚行にも落胆せず、イギリス海軍と王立協会は「南の海」の探査に投資をつづけた。

一七六七年、スコットランドの探検家であり、王立協会のフェローであり、海軍の水路学者であったアレクサンダー・ダリンプルは、『南太平洋における発見の記述』を出版した。そのなかで彼は、「赤道の南側には、北側の陸地と対抗し、地球の運動に必要な平衡を保つための大陸が必要である」と発表した。[13]この主張がきっかけとなり、海軍と王立協会は太平洋への航海に資金を提供する決定を下し、金星の通過を観測して（太陽と地球の距離を推定するため）、まだ見ぬ南の大陸を探し求めることになった。ジェームズ・クック船長（一七二八〜七九）がその探検隊の隊長に選ばれた。

一七六八年から七九年にかけての三度の太平洋航海で、クックは知られている彼以前のどの人物よりも南（推定南緯七一度一〇分）を探検した。彼はまた北に関しても歴史上の記録として残っているそれまでの誰よりも遠くまで旅し、一七七八年八月にアラスカ沿岸の北緯七〇度四四分に到達した。最初の航海に出発するに際してクックは、究極の南方到達点である「テラ・アウストラリス」を探索するようにという海軍の密命書を開封した。一七七〇年三月三十一日、HMSエンデヴァー号でタヒチ、オーストラリア、ニュージーランドを目指した最初の航海のおわりに、彼は「南大陸が存在するはずであることを証明するため、さまざまな発案者によって進められてきた議論や証拠について、そのすべてではないにしてもほとんど」を反証したと主張した。[14]クックは、「わたしが行ったよりも遠くまで挑む者はいないだろうし、南にあるかもしれない土地はけっして探検されることはないだろう」と確信していた。

クックは、期待された偉大な大陸を発見しないままアリストテレスが想像した温帯地域を南下し、南極大陸付近まで旅をした。一七七三年一月十七日、クックは凍てつくような南極圏に入り、そこから引き返した。地球の南の果ては依然として手の届かない場所にあったが、彼は充分な確信を得ていた。クックはその地域を以下のように描写した。

自然によって永遠におわりなき厳寒を運命づけられ、陽光の暖かさを一度たりとも感じることのない土地は、その過酷な様相を言い表す言葉すら見つからない。わたしたちが発見した土地はこのようなものである。もっと南に位置する土地はどのようなものになると予想すべきだろうか。わたしたちは最良の土地の多くが北にあるのを見てきたと考えるのが妥当だろう。わたしよりも遠くまで進んでこの点を明らかにする決断力と忍耐力を持つ者がいればその発見の栄誉を妬《ねた》むつもりはないが、大胆に言わせてもらえば、世界がそれによって恩恵を受けることはないだろう。

真の南はさらに遠く、その先は氷に包まれていた。クックの航海により、南の果てにまつわるヨーロッパの幻想に終止符が打たれた。しかし、クックは南方に関するひとつのおとぎ話を結末に導きはしたものの、また別のおとぎ話を書き換えてもいる。一七六九年四月、HMSエンデヴァー号は現在ソシエテ諸島として知られる南太平洋諸島のタヒチに上陸した。クックはタヒチに到達した最初のヨーロッパ人ではなかった。その一年前、ブーゲンヴィル伯爵ルイ・アントワーヌが、フランス人として初めて地球を航海する旅の途中でこの島に到達していた。ブーゲンヴィルがこの島で見たのは、キリスト教が東方に夢見ていたアダムとエヴァの堕落前の世界を南に移したような新しいバージョンの楽園だった。彼は、「気候の穏やかさ」、「風景の美しさ、小川や滝がいたるところにある肥沃な大地」と絶賛し、タヒチを「ラ・ヌーヴェル・シテール」、すなわち「新しい愛の島」と名づけた。[15]「南の海」とその島々は、ヨーロッパ人が心機一転して自然と一体となって生きるというより啓蒙的でロマンチックな幻想を投影できる新たなエデンだった。

しかし、クックはこの島をもっと現実的な視点で見ていた。彼は船員とタヒチの女性との性的物々交換を認めなかった。それは、ヨーロッパ人と太平洋諸島の島民との関係に付き物の窃盗や暴力の一因となっていたのだ。ヨーロッパ人がエデンを追い求めたおかげで、アルコールと梅毒や結核のような病気が島々を衰退させ、この地域は失われた楽園となった。それでもなお南の幻想は、南の驚異を受け入れようとするヨーロッパの作家や芸術家たちに影響を与えつづけた。ドイツの博物学者で探検家のアレクサンダー・フォン・フンボルトは、一七九九年にスペイン領アメリカ大陸を旅した際、赤道と南米大陸に近づきながら畏敬の念を抱いていた。フンボルトはこう書いている。

灼熱地帯に入ってから、わたしたちは毎晩、南に向かって進むにつれて南の空の美しさに感嘆し、飽きることがなかった。(中略)この光景は、正確な科学の分野を学んでいない者でさえ賞賛の気持ちで満たし、天空を眺めているだけで美しい風景や雄大な景色を望むのと同じ悦《よろこ》びの感情を覚える。(中略)赤道直下の地域は、すべてがエキゾチックな性格を帯びている。[16]

凍てつく荒野

人を寄せつけない南極圏をクックが探検したことがきっかけで、南はもはや楽園ではなく、崇高かつ恐ろしく殺伐とした凍てつく荒野として認識されるようになった。それにより、十九世紀のヨーロッパ人の想像のなかに、よりダークなロマンチックさを備えた、もっと言えばゴシック的ですらある南方が姿を現しはじめた。あらためて考えると、地球最南端としてのこの地域の概念は、その反対である北極圏に端を発している。英語の南極を表す「アンタークティカ」が「アンチ＝アークティック」すなわち「反北極」から来ていることを考えても、古くからのその認識にいかに北極が結びついていたかを示している。しかし、一八二〇年代に最初のヨーロッパ人が南極大陸に上陸した結果、そこで見た最南端は北極とはまったく異なるものだった。北極が氷に覆われ、陸地に囲まれた海であるのに対し、南極は海に囲まれた大陸である。北極の氷の厚さが二メートルから三メートル程度であるのとは対照的に、南極の氷の厚さは二七〇〇メートルもある。冬の気温が華氏零下一三六度〔摂氏零下九三度〕に達することもある南極大陸は、平均して北極の三倍寒く、海抜二八〇〇メートルまでそびえ立っている。しかし最も衝撃的な違いは、人が住めるかどうかである。北極が紀元前一万二〇〇〇年以来、継続的に人が住んでいるのに対し、南極は一八二〇年代まで人類が足を踏み入れたことはなく、現在でも定住者はいない。

かつては幻の温暖な楽園として夢見ていた南の大陸は、厳寒の孤立した土地へと変貌を遂げたが、その風景を表現したものとしては、サミュエル・テイラー・コールリッジの『老水夫行《ろうすいふこう》』という詩が最も有名である。一七九七年に書かれ、翌年、ワーズワースとコールリッジの共作『抒情民謡集』で初公開されたこの詩は、イギリス・ロマン主義運動の発展の中心をなすものだ。アホウドリを殺したあとに贖《しょく》罪《ざい》を求める船乗りを描いており、クックの航海と一七七三年の南極圏への進出をもとにしている。コールリッジの詩の最初の連《れん》には、水夫が厳寒の南方で航海する描写がある。船は「速度を速め、暴風が轟《とどろ》き、われらは南へ逃げた」。嵐は赤道とアホウドリとの運命的な出会いから遠ざけ、「われらを南へ追いやった」。コールリッジにとって、凍てつくような何もない南は、物理的な場所であると同時に、船乗りがその後わびしく生きるという地獄へ落ちぶれることと、そのなかで贖罪を求めることの象徴でもある。ここでの南は、地図上の座標が示す場所への航海であると同時に、自らの内面への旅でもあった。

　コールリッジの詩はまた、最もロマンに満ちつつ最後には悲劇におわる南の探究について、背筋の凍る予言を与えるものでもあった。英国人探検家ロバート・ファルコン・スコット船長（一八六八～一九一二）とその仲間たちの死を招いた南極点への到達競争である。スコットの物語が数えきれないほど語り継がれているのは、彼の運命に翻弄された探検と、ノルウェー人探検家ロアルド・アムンゼンとのライバル関係の物語が人を惹《ひ》きつけるからにほかならない。そしてその魅力の中心は、自然の驚異と地上で最も人を寄せつけない場所である南の大荒野を相手にした命がけの対決にある。

　スコットと彼のチームは、南半球最後の空白地帯の探検家として、自分たちが先人から受け継いだ使命を痛感していた。スコットの不運な探検の回顧録『世界一過酷な旅』（一九二二年）のなかで、探検隊の数少ない生存者の一人であるアプスレイ・チェリー＝ガラード（一八八六～一九五九）は、著名な南半球の探検家の神殿にスコットを祭り上げた。「クック、ロス、スコット。彼らは南の貴族である」。スコットが以前、極点到達に失敗したときのもう一人のメンバー、有名な南極探検家アーネスト・シャクルトン卿はのちに、彼自身はつねに「神秘的な南へ不思議と引き寄せられるのを感じていた」と語った。「氷と雪に覆われた地域に行き、地球の両極、つまりこの大きな球が回転する軸の端にたどり着くまで、延々と進んでみたい」。これはアリストテレスが『気象学』で示した地球認識にも劣らない壮大な願望だ。しかしスコットにとってそれは、挫折と極寒に晒《さら》される孤独な死以外の何ものでもなかった。

アムンゼンから三四日後の一九一二年一月十七日に地理的な南極点に到達したとき、スコットの夢は雲散霧消していた。現実的にも比喩的にも、極点到達はすべて無意味になっていた。実質的にはそれは単なる座標であり、一面の雪や氷と区別するものは何もない。その日、スコットは書いた。「極点。ついに。しかし、われわれが予想したのとはまったく異なる状況だった。偉大なる神よ」と彼は有名な言葉で締めくくった。三月二十九日か三十日、スコットは「大いなる白い砂漠の永遠の静寂」と、かつて自ら表現した場所で息を引き取った。[17]

南半球を無人の地、さらには最も突飛なアイデアさえ託せる異世界とするような、ゴシック的または幻想的な幅広い見方が育まれるなかで、スコットの英雄的な、あるいは無益な死は、とりわけ反響の大きい一例だった。その後、南極点に対するイメージは、地底世界の入り口、SF小説に描かれる失われた古代文明や異世界文明の場所、第二次世界大戦末期にアドルフ・ヒトラーが逃亡したナチスの秘密基地など、多岐にわたった。北極が世界の「頂点」としての地位を確立する一方で、南極がその「底辺」

にあることは疑いようがなく、南極は心の地形を映し出す精神的な地下世界となったと、文学批評家エリザベス・リーンは述べている。

少なくともフロイト以来、心理的な風景と物理的な風景の相似は、精神の深層モデルとして想定されることが多く、自分自身あまり近寄ることのない闇に包まれた側面（フロイトの用語ではイド）は、「地表の下」にあると想像されてきた。つまり、比喩的な南の旅は、単に内側への旅であるだけでなく、深部への旅でもあり、無意識の最も暗く深い領域に入り込む旅でもあるのだ。[18]

この地球は、人間の頭蓋骨やそのなかに封じ込められた脳のように、わたしたちの内面的な心理世界を投影している。北極が脳への表玄関であるのに対し、「底」には不可解で未知なる世界、南極があり、その禁断の環境は人間の努力などまったく意に介さないのである。

ひっくり返った世界

人間の原始的で本能的な衝動のあまりにも多くを解き放つ場所であった南はまた、本人の同意なしに「南方人」のレッテルを貼られた人々が、北による自分たちの位置づけに反論する機会を与えた。十九世紀末、そうした声はヨーロッパでも南極でもなく、アメリカ大陸から最も雄弁に発せられるようになっていた。コールリッジとスコットが共に生きていた時代、独立を求める反植民地闘争がアメリカ大陸を席巻していた。現代の南アメリカ——この呼び名もヨーロッパに端を発して広がった北対南の世界観のおかげだ——に住む人々は、植民地支配の北に対抗して新たな「南」のアイデンティティを見出そうと奮闘した。アフリカ、アジア、アメリカ大陸の「南」や「東」と呼ばれる国々は、ヨーロッパや北米に代表される北と西の帝国主義的・経済的大国に対抗するため、イデオロギー的に同盟を結ぶことが増えていった。しかし植民地支配が疑問視され、異議が唱えられるにつれて、北による南への誹謗《ひぼう》中傷はむしろ強まっていった。現代アメリカの人気作家チャールズ・フォート（一八七四〜一九三二）はそれをこう表現している。

文明が存続し、成長してきたのは、この地球の北部であり、文明はその後、植民地化によって南に広がっていった。歴史は、南アメリカやアフリカの大陸のように、南に向かって先細りになっていく。オーストラリア、アルゼンチン、南アフリカには、神殿、ピラミッド、オベリスクなどの遺跡はない。（中略）生命は南に向かって枯れていく。（中略）一部の測量技師が考えているように、この地球がコマ形をしているとすれば、それは下部の荒れ地の上に咲く花である。[19]

一方、このような見解を跳ねのけようとする声にも長い歴史があった。キューバの詩人であり革命活動家であったホセ・フリアン・マルティ・ペレス（一八五三〜九五）は、その著書『我らのアメリカ』（一八九一年）のなかで、南米の独立への欲求の多くを代弁している。マルティは、この地域がヨーロッパから解放されて集合的アイデンティティを取り戻すには、「北を捨てなければならない」と考え、同時に、何世紀にもわたってヨーロッパ人入植者と先住民族が混ざり合ってきた複雑なメスティーソ（多人種、とくにヨーロッパ人とアメリカ原住民の祖先をもつ人々）の遺産を受け入れなければならないと考えた。

マルティのこの感情は、多くの二十世紀の南米作家たちに影響を与え、とくにボルヘスは彼が考える北ヨーロッパの伝統と、祖国アルゼンチンのより土着的な遺産とを対比しようともがくなかで、これに触発された。この南北間の闘争は、ウルグアイ人とスペイン人の血を引くホアキン・トレス・ガルシア（一八七四〜一九四九）のような芸術家にも作用した。彼の描いた一見シンプルな「反転するアメリカ」（一九四三年）は、当時ヨーロッパで広く受け入れられていた北を頂点とする地図を覆し、代わりに南を最も主要な方角としつつ、赤道とモンテビデオを通る緯度線（正確な座標で描かれている）を示している。この逆転は、南米がヨーロッパの植民地として発見されたものという概念（帆船に象徴される）そのものに疑問を投げかけると同時に、コロンブス以前のメソアメリカの宇宙論から引用したモチーフを用いて、南のアイデンティティを取り戻そうとしている。太陽はインカ帝国の太陽神インティを、月は女神ママ・キジャのイメージを表し、魚は多

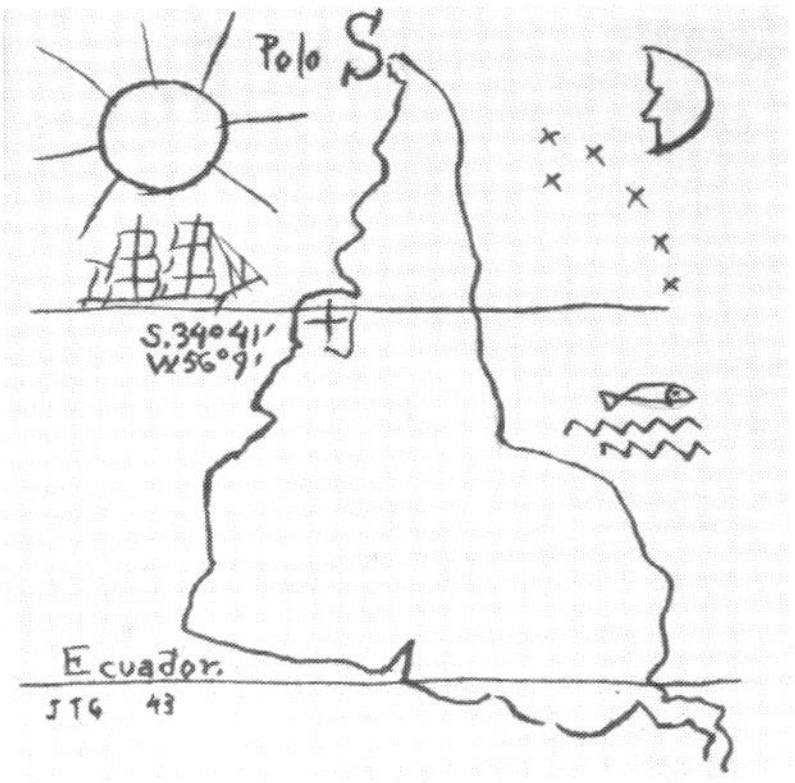

図4　ホアキン・トレス・ガルシア『反転するアメリカ』1943年。

産の象徴である。

トレス・ガルシアがこれより前に著したマニフェスト『南部の学校』（一九三五年）には、次のような主張がある。

われわれ南と対立するものであること以外、われわれにとって北の存在意義はない。だからこそ、われわれは今地図をひっくり返し、われわれの真の位置を知るのだが、それは世界の他の地域の人々が好むものではないだろう（中略）ここから北へ向かう船は、以前のように上ではなく下へ向かうことになる。北が下にあるからだ。そしてわれわれが南を向くと、東は左になる。これは必要な修正である。これでわれわれは自らの位置を知るようになった。[20]

そこには一四九二年のコロンブスの初上陸からの長きにわたって、大陸全域がヨーロッパの武力、権威、信仰の押しつけに晒されてきたことへの強烈な反発が表現されていた。

トレス・ガルシアの提案を実行に移した「対蹠地《たいしょち》」人もいた。一九七九年、オーストラリアの地図製作者スチュアート・マッカーサーは「マッカーサーの普遍的修正世界地図」を製作した。一九七九年一月二十六日のオーストラリア・デイに出版されたこの地図は、オーストラリアを地図の一番上に置き、南を指すコンパスの絵の隣に配置した。マッカーサーは学生のときに初めてこの形式の地図を描き、教師から「正しく」北を一番上に置くように言われた。最終的に出版された地図の凡例《はんれい》には、「もはや南は、北を肩に担ぐ努力をほとんどか、あるいはまったく認められないまま、人目につかない穴のなかでもがき苦しむことはない。ついに南が頂点に立つ時がきた」とある。マッカーサーの表向きは客観的で科学的な地図には違和感のもつ力がある。何でも上下さかさまにすると、とたんに違って見えてくるものだ。おそらく、新しいパターンに気づいたり、場所と場所のつながりを発見したりするのだろう。これがマッカーサーの方向転換の狙いだった。最後の行で「オーストラリア万歳。全宇宙の支配者！」と締めくくっており、そのやや皮肉めいた口調は、彼の仕事がまだ道半ばであることを認めているかのようだ。

しかし、南北をさかさまにしたからといって、その力関係から解放されるとは限らない。トレス・ガルシアの北への挑戦以来、脱植民地化が進んだ数十年間にも、南はヨーロッパとアメリカから独立したアイデンティティを主張しようともがきつづけてきた。欧米は、この地域の政治・経済活動の多くに依然として大きな影響をおよぼしている。過去五〇〇年間に南が被った損害に対処しようとする北の進歩的な試みにおいても、その成功は限られている。一九七〇年代、国際開発にまつわる政治・経済用語においては、アフリカ、ラテンアメリカ、アジアの大部分からなる開発途上の「グローバル・サウス」（一九六九年に初めて使用された）と、アメリカ、カナダ、ヨーロッパ、アジアの一部、オーストラリア、ニュージーランドからなる先進国の「グローバル・ノース」という線引きによって区別され、南北それぞれへの先入観が明白に表れていた。ここでもまた、その区別は厳密な地理ではなく、認識と見解にもとづくもの、この場合は、相対的な経済的繁栄にもとづくものだったのである。

すべて南に行ってしまった

一九八〇年、「グローバル・サウス」の出現に関して重大な出来事があった。ブラント委員会報告である。西ドイツの元首相、ヴィリー・ブラントが議長を務めたこの報告書は、『南と北――生存のための戦略』と題され、「第一世界」対「第三世界」の経済的・社会的発展に関連する地政学的な憶説や階層に疑問を投げかけることを目的とし、さらに、政治世界をアメリカおよびヨーロッパと理解される西側とソ連圏と中国からなる東側に大まかに分けた当時の冷戦レトリックを再調整することを狙っていた。[21]

ブラントは序文で、「現代の重大な社会的課題である南北関係」と位置づけている。[22] しかしその善なる志にもかかわらず、報告書は初っ端《しょぱな》から難題にぶつかっていた。第一は、経済的に発展した北と発展途上の南を区別しようとしたことである。報告書は北を頂点とする世界地図とともに発表され、その上にはいわゆる「ブラント・ライン」が引かれていた。この線は西から東へ、メキシコ、大西洋、北アフリカ、中東、当時のソヴィエト連邦、中国のきわを通ったあと、不自然な大回りをして東南アジアを南に、オーストラリアとニュージーランドを北に含めていた。地理を利用しつつも、南北の緯度の区別を無視して分割したのである。南は場所というより概念として特徴づけられた。ブラント・ラインはまた、ヨーロッパと北米が、自分たちの考えにしたがって世界を方向づけ、地球上に線を引くという不変の力について、それを疑問視するのではなく、むしろ強調しているようにも見えた。

このような認識の問題にもかかわらず、報告書は「国際経済システム、その規則と規制、そして貿易資金と金融の国際機関」を北側が支配していることを認め、これとは対照的に、南とされた国々では推定八億人が絶対的貧困にあえいでいるとした。さらに報告書はこう主張する。「その相違がどのようなものであれ、またどれほど根深いものであれ、北と南のあいだには相互の利害関係がある。両者の運命は直結しているのだ。解決策を模索することは慈善事業ではなく、互いの生存に欠かせない条件なのである」[23]。北の富を南へ大規模に——今後二〇年にわたり年間推定四〇億ドルを——再分配することで、インフレを抑制し、将来の不況を緩和し、南北双方に利益をもたらす世界的な経済成長を実現することができるのだと。

ブラント報告は、貧困、教育、健康、エネルギー、ジェンダー不平等への対応、国際通貨基金（IMF）と世界銀行が管理する国際経済システムの改革にもとづく行動計画を提案した。この野心的かつ崇高なプロジェクトは、その後の北側の国際開発・援助政策の多くの言語や大望に影響を与えたとされているが、その一方でこの計画は現在、ヨーロッパの新自由主義国家と北米によって疑問が呈され、撤回されつつある。

英語の「すべて南に行ってしまった〔イッツ・オール・ゴーン・サウス〕」という表現は、しばしばうまくいかないことを表現し、すべてだめになったという意味で使われるが、これは南が「下方〔ダウン〕」であり、北は「上方〔アップ〕」であるという仮定にもとづいている。ブラント報告書には、何重もの意味でこの表現が当てはまる。それは南北分断に対処しようとしたあげく、失敗におわった。北にも南にも、その提案を実行に移すだけの結束力も政治的意志もなかった。ブラント報告書が発表された当時、アメリカ、ヨーロッパ、中国、ソ連は、名目上はすべて北側に属していたが、東西冷戦は膠着《こうちゃく》状態にあり、南側に対して意味のある統一行動をとることはできなかった。同様に、南はラテンアメリカ、アフリカ、アジアの政治組織に分断されており、その多くは互いに公然と敵対していた。つまるところ、報告書が当初から認めていたように、南は均質でも固定されたものでもなく、一九九〇年代には、南米や東南アジアの一部の国々が北との経済的同等性を主張するなど、南を定義する境界線はおおかたの予想通り曖昧になっていったのである。

トレス・ガルシアが一九三〇年代に示唆したように、南は北に語ってもらうのではなく、自分から北に言い返す必要がある。そして近年、グローバル・サウス出身の著名な活動家や政治家が前に進み出ることによって、これが起こりはじめている。そのなかのひとりに、バルバドスのミア・モトリー首相がいる。モトリー首相は最近、「一握りの先進国とそれ以外の国々との格差は、あまりにも衝撃的」であり、金融・環境改革や公平性の問題において「グローバル・サウスは依然としてグローバル・ノースの言いなりになっている」と主張した。[24] グローバル・サウスはグローバル・ノースに経済的に追いつこうとしているが失敗しているという前提はなくなり、南は今やグローバル資本主義における多くの経済的、政治的発展の最前線に立っている。[25] 多くの活動家やNGOもそれに応じ、地理的な方向性を鋭く意識しながら、自分たちのアイデンティティを形成している。そのような組織のひとつが「#TheSouthAlsoKnows(南も知っている)」で、これは南米、アジア、アフリカ、太平洋地域の教育専門家や意思決定者からなるネットワークである。彼らは自らを「グローバル・サザナー」、すなわち南半球人と考え、南を上にした世界地図のロゴを掲げている。

南という観念が、凍てついた荒れ地やエキゾチックな楽園のイメージにとどまらず、より広範で複雑なものとなるにつれ、演劇界はそれを新しく挑戦的な形で上演するようになった。最も型破りな例のひとつが、ロンドン生まれのモジソラ・アデバヨの一人芝居『南極のモジ』で、二〇〇六年にロンドンで初演された。アデバヨは、アフリカ系アメリカ人エレン・クラフト（一八二六～九一）の実話をもとに、白人に扮《ふん》して奴隷制度から逃れ、途中、同性愛の恋物語も経験しながら、女性として初めて南極大陸に到達するという壮大な冒険に乗り出す。トレス・ガルシアと同様、アデバヨは、人種、奴隷貿易の歴史、南部のプランテーションでの生活という異なる視点から、長いあいだ信じられてきた南北の二元対立を逆転させようとしている。「雪に覆われた大地」を背景にした「黒い南極の山」にたどり着いたところで、モジは言う。

わたしにとっての南はジョージアだった
ここでは綿花は雪に変わった
地球のどこよりも深い深い南で[26]

西アフリカのグリオ（語り部）である「古代人」に扮したアデバヨは、北と南の区別について考える。

もし南極大陸が存在するなら
そして世界がぐらぐらと揺れているのなら
まっすぐなものなどなにもない
そして誰もまっすぐなんかじゃない
一筋縄じゃない
もし世界が球体だとしたら
上なんてない
下もない
北も南もない
天国も地獄もない
白も……（彼女は聴衆に答えをうながす）黒も
男も……（うながす）女も[27]

地球上の四方位が独断的ならば、そこにある国や人種、性の区別もまた無意味ではないだろうか？

＊

アデバヨの戯曲が示すように、コンパスの四方位に特徴づけられた古い地政学的前提は崩れつつある。

もはや北も西も支配的立場にはない。代わりにグローバル・サウスは、絶好の視点を提供してくれている。その視点は、現代の経済活動やテクノロジー生活の多くの側面を構成する、仮想的で変動をともなうアイデンティティや経済を眺め、理解するためのものだ。北側の読者にとってこの言葉が突飛に聞こえるなら、それはラゴス、ヨハネスブルク、ジャカルタ、マニラなどの場所で形成されつつある経済の現実を理解できていないからかもしれない。国家による規制緩和の追求や、インフォーマルな「ギグ」エコノミーのアウトソーシング、ITサービスの台頭、海岸浸食対策などなど、流動的なグローバル経済における新たな展開は、すべて北ではなく南で生まれている。南が推進するグローバル資本主義のモデルは、リベラルの観点からすれば必ずしも進歩的なものではない。良い意味でも悪い意味でも、相互接続されたわたしたちのグローバル世界を理解する方法が異なるだけなのだ。

このようなアプローチは、南という古い地理的現実を復活させるものではない。「グローバル・サウス」は場所というよりも関係なのだ。インド洋や太平洋の海洋世界を含め、通常「東」に分類される多くの地域が含まれるのはそのためである。しかし南には「中南」もなければ「極南」もない。東とは対照的に、南は方角というよりも思考の枠組みなのである。南米、アフリカ、アジアの一部を包含する地域を、一部の人類学者は「旧中心」地と呼んでいる。[28] 政治的には、BRICS（ブラジル、ロシア、インド、中国、南アフリカ）のような南東地域の政治・経済同盟の拡大が、米国と欧州の北西同盟の方向性を変えつつある。そう考えると、南はこの先、西側が支配するこの世界をひっくり返すことになるのかもしれない。

第3章

北

描かれた北

北は主要四方位のなかで一貫して、寒く、暗く、荒涼としていると特徴づけられる方角だ。それは追放や罰や死を命じられた者が送られる凍てついた荒れ地であり、悪霊がうようよいると同時に、厳《おごそ》かな美しさや驚異、不変性、啓示、さらには救済の力すら備えた場所でもある。[1] しかし、これほど多くの曖《あい》昧《まい》で矛盾した、歴史的にも否定的な連想をかきたてるにもかかわらず、これまで見てきたように、北は現代の地図のほぼすべてで、一番上に位置している。

北はまた、個人のアイデンティティを示す最も強力かつ矛盾した指標のひとつでもある。地球上のどこに住んでいるかによって、都会的で繁栄しているという意味になることもあれば、時代遅れで貧しいことを表す場合もある。わたしは「北部人」ではあるが、何世紀にもわたって風向きやコンパスの針の向きを表してきたこの言葉が、わたしという人間、わたしの話し方や振る舞いを形作っていることを受け入れるにはいささか抵抗がある。とはいえ、自分を北方人だと思う人たちは、他の三方位の人々以上に、これを強力な個人的アイデンティティだと自認し、それに誇りさえも持っている。しかしながら「北部人」であるという思い込みは、あなたがどこにいるかによって裏返され、正反対のことを示すこともある。最初の「オリエンテーション」で述べたように、イタリアでは、ステレオタイプ的な北部と南部の区別は、イギリスとはほぼ正反対だ。同様にアメリカでは、保守的な田舎である南部とは対照的に、北部は政治的にも経済的にも発展しているとみなされている。さらには、「北部人」であることの意味は、文化によって変わることがある。南半球を旅するとき、わたしはもはや「北部人」ではなく、「西洋人」というレッテルを貼られる。わたしの個人的なアイデンティティに結びつけるべきなのはどの方位かについて、異なる考えのなかで暮らしているのだ。

これは四つの主要方位に共通することだが、すべては自分の位置と「ジオ・ランゲージ」、すなわち地理的状況とあなたが生活に用いている言語の使い方に左右される。北の場合、通常は垂直軸上にあって、しばしば地平線の彼方に消えていくと表現される。詩人のアレキサンダー・ポープが詩『人間論』（一七三三〜四年）のなかで、北がどんどん後退していく様子を描いたように。

ヨークでどこが北だと尋ねれば、それはツイード川
スコットランドなら、それはオルカデス、そこからは
グリーンランドだ、ゼンブラだ、あげくは神のみぞ知る地
何人《なんぴと》も第一級の罪を認めることはなく
あいつのほうが自分よりもひどいじゃないかと思うものだ

ヨークシャー生まれの詩人サイモン・アーミテージは、回顧録『すべては北を指す』（一九九八年）のなかで、北の境界が移動していく様について、同様に皮肉めかした視点で描写している。アーミテージにとって北部とは、「ランカシャーであることもあるが、これは本当は北西で、ノーサンバーランドで

あることもあるが、こっちは北東で、ハンバーサイドであることもあるが、ここはオランダで、カンブリアであることもあるが、ここは湖水地方で、そうなるとスコットランドということになる」[2]。そして、これらの南北軸は、島ごとに増えていく。スコットランドは自らを北海のアウター・ヘブリディーズ諸島からとらえている一方、ウェールズは、より正統なウェールズ語を話す北部と、（東の）イングランドの影響下にあるとして疑いの目を向けられている南部とに分かれている。

それでも南北軸は「上」（北）と「下」（南）という単純な前提を含む永続的な特徴を維持しつづけている。これ自体は、何世紀ものあいだに最重要方位がいつの間にか変化したことによって形作られた。ほとんどの社会では文字通りの地理もしくは想像上の地理において、地図の頂点にあった東を北に置き換えていったのだ。しかしながら、その理由を説明する前に、北の文字通りの引力を理解する必要がある。

北が四方位のなかで特別視されるのは、地球の磁場の特異性のためである。磁鉄鉱を含む岩石が、その後何百万年もかけて移動したとしても、最初に形成されたときの磁北の方角を保っていることは、すでに地質学者や天文学者が確認済みだ。わたしたちの足元にある岩石は北という方位の徴《しるし》を保持しており、（「オリエンテーション」でも述べたとおり）一部の神経科学者が信じているように、動物の小器官にも磁鉄鉱の痕跡があるとすれば、わたしたちの惑星の鉱物や有機物の構造の多くは北の方角に向けて配列していることになる。

その結果、北は、初期の社会で確認された太陽の東西の弧の軸よりもあとに認識されるようになったにもかかわらず、気候やコンパスから地理的な極や個人の属性にいたるまで、あらゆる面で飛びぬけた引力を発揮するようになった。紀元前三世紀には、メソポタミア社会は北（より厳密には北西）を基点とした地図の方位取りを行っていた。これは天文学よりもむしろ風向きに左右された結果だったが、神への信仰も一役買っていたかもしれない。ペルシャを含む肥沃な三日月地帯に住んでいた共同体の多くは、マニ教などの二元論的な精神信仰にしたがっていた。彼らにとって存在することは、光と闇、善と悪といった、絶え間なく対立する力や自然、神々によって動かされていた。これらの世界構想では、光と霊的啓示は、やや意外なことに北から発せられた。マニ教の思想はさらに包括的な宇宙観を発展させ、生命の樹は世界の「上」である北にあり、死の樹は「下」である南にあるとした。最初の三世紀にメソポタミア南部に出現したグノーシス主義のマンダ教もまた、より天文学的に北を崇拝するようになり、北極星の方角を光と不変、癒しの源として崇拝した。

北風の彼方——ヒュペルボレオイ

他の社会は、北を恐怖と警戒の眼差しで見ていた。ゾロアスター教徒は、創造神であるアフラ・マズダの住まいの方角である南を向いて祈った。その正反対である北は、彼らが地獄の領域とみなす場所で、南にやってきては死者の遺体を汚染する女悪魔ドゥルジ・ナスの本拠地だった。[3] ゾロアスター教徒にとって、北とその寒風は死、悪、飢饉《ききん》、病気と結びついていた。

古代中国人は、北について根本的に矛盾する考えを抱いていた。これまで見てきたように、天空の北は皇帝のイメージと調和していたが、地上の北は曖昧模糊《もこ》とした場所だった。漢代の宮廷官吏で、話し相手として皇帝を楽しませていた東方朔《とうぼうさく》（紀元前一六〇～前九三頃）は、魔物があふれ「青龍《せいりゅう》が咥《くわ》えた松明《たい まつ》で照らされている」という神秘的な「北極への旅」を描写している。[4]燭龍《しょくりゅう》は、昼夜をつかさどり暗闇に光を投げかける神であることから、それは北極光（オーロラ・ボレアリス）が見せた幻覚だったのかもしれない。殷《いん》王朝（紀元前一七六〇～前一〇二〇頃）の墳墓からは、エリート層を埋葬する際、光と同時に死をも連想させる北に向けられていたことが明らかになっている。紀元前一世紀の『礼記《らいき》』では、死者を町や都の北に埋葬することを勧めており、死者の頭部も同じ方角に向けられていた。[5]

ギリシャ人は、おもにメソポタミアの風向きとそれにつづく天文観測から、南北軸に対する同様の先入観を受け継いでいた。古代ギリシャの宇宙論では、北（ボレアス）が優先されていた。アリストテレスの『気象学』でも、「上」と「下」はそれぞれ北と南と同一視されている。アリストテレスは、海について説明する際、海は「高いところから流れ落ちるので、一般的に、北に位置する地球の高い部分からの流れが最も大きい」と考えた。[6]

当時の世界地図は残っていないが、アリストテレスが描いた地球の風の想像図は、すべて北を頂点としている。[7]ギリシャ人がどのような世界地図を作っていたにせよ、それらもまた北を最重要方位にしていたと推測される。アリストテレスの弟子であるメッシーナのディカイアルコス（紀元前三二六～前二九六頃）は、ジブラルタルからインドまで東西に走る平行線と、ギリシャのロードス島を南北に走る子午線を示した世界地図（現在は失われている）を用いて、師の図式的表現を発展させた。この構成のなかには、「ヒュペルボレオイ」（文字通りの解釈は「北風の彼方の」）と呼ばれる北の極地に肥沃な土地と祝福された人々が存在するという考えが含まれており、これは少なくともホメロスの時代までさかのぼるものだ。ただし、誰もがそう考えていたわけではない。ヘロドトスは『歴史』に、そのような人々に対して懐疑的であることを記し、ギリシャ的な世界対称性の考え方を持ち出して、「ヒュペルボレオイ人がいるなら」南の彼方の「ヒュペルオストラル人もいるに違いない」と主張した。[8]

そのような疑念にもかかわらず、極北の地が暗黒と邪悪、さらには平和と豊かさをも内包しているという見方は、時代を超え、両半球の文化圏を超えて存続することになる。アリストテレスが『気象学』のなかでボレアスという概念を提唱していたのと同じ時期、紀元前三二五年頃、商人であり天文学者でもあったマッシリアのピュテアスは、北方を探検すべく現代のマルセイユにあるギリシャ人入植地から船出した。ピュテアスの失われた論文『大洋』（他の資料から部分的に復元されている）には、おそらくギリシャ人初のイギリス諸島、バルト海、そして北極圏の可能性がある海域への航海が記録されている。彼は天体観測の結果、想像上の北極の真上に天の極があることを初めて証明し、北にある世界の果てを表す新しい言葉「トゥーレ」も発案した。ピュテアスは、トゥーレはブリテン島から北に六日間航海した凍てつく海にあると主張した。ギリシャ語のテロス、つまり「おわり」に関連している可能性もあるものの、この言葉の語源は不明である。それでも、古典ラテン語や中世のラテン語においてウルティマ・トゥーレは世界の北の果てを表すようになり、文脈により、アイスランド、グリーンランド、ノルウェー、スコットランドのオークニー諸島などを指して使われた。[9]

北極星もトゥーレも、ヘレニズム時代の天文学者であり地理学者でもあったクラウディウス・プトレマイオスによって、最も明確な定義が与えられた。彼の『ゲオグラフィア』(一五〇年頃)と『アルマゲスト』(一六九年頃)は、トゥーレの位置をスコットランド沖の緯度六三度にある島だと特定し、さらに星表で北極星を正確に特定した最初の書物である。プトレマイオスは『ゲオグラフィア』のなかで、経緯線網――緯線と経線を格子《こうし》状に並べたもの――の上で世界地図を描くための詳細な方法を説明し、子午線が地図上部の北極の上にある架空の点で頂点になるようにせよと指示している。それ以前のギリシャの学者たちと同様、プトレマイオスにとっては神学よりもむしろ幾何学が、北を最重要方位として確立する根拠であり、それは彼の『ゲオグラフィア』の最古のビザンチン写本に添付された最初の世界地図が北を上にしていたことからも見てとれる。

ギリシャ文化における北の自然主義的・科学的理解は、ユダヤ教・キリスト教神学においては拒絶された。これらの宗教では、ギリシャやローマの「異教」信仰と対照的な一神教の信仰を確立しようとしていた。ヘブライ語の北「ツァフォン」には「隠れた」という意味があり、これは太陽が隠れていることからきている。北を意味する別の用語はスモル、すなわち「左」であり、ユダヤ人が最重要方位として東を好んでいたことを示している。そのため旧約聖書では、北はおもに否定的な言葉で表現されている。エゼキエル書では、北は混乱と過ちの方角だ。エゼキエルはエルサレムで神の幻を見る。神は彼に勧めた。「《人の子よ、北の方を見よ》。そこでわたしは見てみると、祭壇の門の北の入り口に、妬《ねた》みの偶像があった」(エゼキエル書八章五節)。ゴグとマゴグという名の人物や部族、国は、メシアと戦うために、終末の日に「北の果て」(エゼキエル書三八章一五節)からやってくるのだが、これは聖書や地図にたびたび登場する。エレミヤ書では、北は災いを予言する、さらに不穏な場所である。「北から災いが現れ、大いなる滅びが来る」(エレミヤ書六章一節)の一文は、バビロニアのネブカドネザル王の軍隊が来てエルサレムが破壊されることを示唆している。「主《しゅ》はわたしに言われた、《災いが北から起こって、この地に住むすべての者の上にふりかかる》」(エレミヤ書一章一四節)。

　こうした否定的な意味合いは、キリスト教の儀式や建築にも影響を与えた。中世の教会のなかには、北側に洗礼の際に開けられる「悪魔の扉」が残されているところもあれば、祭壇の北側で福音が読まれるところもあり、いずれもサタンの影響を追い出すことを意図していた。また教会の北側は、殺人や自殺をした者、破門された者を埋葬するのに使われた[10]。中世の地図に描かれた凍てつく北方地域には、怪物や悪魔が満ちていた。『ヘレフォード図』には、北方人は「人肉を食べ、血を飲む、きわめて野蛮な人々」とある。その一方では北に対する認識の二面性を示すものとして、ヨブ記には神は「北の天を何もない空間に張り、地を無の上に掛けられる」(ヨブ記二六章七節)の一文があり、北が天地創造の中心でもあることが記されている。北はまた、救いがもたらされる方角でもある。ヨブ記のなかでエリフは、神の「驚くべき威光」は「北から黄金の輝きのように来る」(ヨブ記三七章二二節)と預言している。しかし昔からの癖と同じように、定着した最重要方位もなかなか消えないもので、キリスト教が古典文化から方向性を変え、東を北より優位にしようとしたとしても、北は多義的でありつづけ、それを崩すことは困難だった。時の流れとともに、やがてはコンパスがキリストに打ち勝ち、北を世界地図の頂点に返り咲かせることになる。

頂点に立った北

なぜ北が上になったのか、一言で言うなら、二つの伝統が融合したためだ。第一に、幾何学を使って地球を想像し、二次元の平面に投影するという古典ギリシャの慣習のなかで北は上に置かれた。北極星の天文学的観測と気象学的な風の考察にもとづいて描いたため、北が優位になったのだ。第二に、中世に地中海を横断する航海を助けるものとして磁気コンパスが導入されたことで、まずは「羅針儀海図《ポルトラーノ》」と呼ばれる海図が作られ、その後、ほとんどの世界地図が北を向くようになった。これは、コンパスの指針にもとづいて磁北から方位を取ったためかもしれないが、中国人がそうしていたように、南でも同様に機能したはずである。磁気を帯びた針が真北を指せば、必然的にその反対である真南をも指すことになる。しかし、古典的な地理学と航海術が融合した結果、北は他の方位を寄せつけない決定的な優位に立ったのである。それだけではない。よりありふれた理由も北の採用に影響をおよぼし、とくにポルトラーノの航海用海図の多く（すべてではないが）でこの方式が採用された。このような海図は通常、子牛の皮で作られた上質皮紙《ヴェラム》に描かれていた。地中海のほぼ長方形の形状を模倣するため、皮を剝がされた動物の首は通常、地図の左、つまり西に置かれた。これにより、上が北の定位置になった。これらの海図においても、北は完全に東に取って代わったわけではなかったものの、旅という領域において、文字通り新しい方向性を示すものだったことはまちがいない。

十六世紀以降、ヨーロッパ列強がアフリカ、アジア、アメリカ大陸を植民地化するにつれ、ヨーロッパ人はその地域の伝統をことごとく軽んじる支配を行い、北以外を最重要方位としたその土地土地の地図作りの習慣も、消え去るか、あるいは北を頂点とする世界地図のなかに吸収されていった。北、ひいては南は、前者が後者を征服し、方角としても文化のうえでも対立が生まれることにより、より鮮明な意味合いを持つようになった。論理的に考えれば、その先の成り行きとして、一方の方角（あるいは文化）があらゆる物事において優先され、他方よりも「上位」にある状態に落ち着くものだ。しかし残された証拠は、「北」が多くの人々にとって厄介な言葉でありつづけたことも示唆している。

ヨーロッパでは、「北」が古典的用語のボレアスやセプテントリオから現代的な各地の言葉に発展するのは、矛盾に満ちた長い道のりであり、なかには不吉な表記も混ざっていた。主要方位を示す単語とその複合語に関するおよそ八〇の古英語文献のうち、四八がノルズやスッドのような新しい現地語を使用し、三二が古いラテン語を使用していた。さらに英語で「北」を表すノースは、サンスクリット語のナラカー（地獄）、古代ギリシャ語のネレトス（下方または下界）、古代ウンブリア語のネトル（左側――東に昇ったとき太陽の位置から）にも由来し、ここからさらに死者の霊の連想と結びついて、ネルテロロジーという死者に関する学問を表す英語もあるほどだ[11]。

このような単純な用語のヨーロッパ全土への広まり方には矛盾と不均衡がつきものだが、ノースはその曖昧さにおいて最たるものだ。十四世紀後半から、ルネサンス運動のなかで古典的なギリシャ・ローマの地理学が再発見されたことによって、曖昧さはさらに複雑なものとなった。最も影響力があったのはプトレマイオスの『ゲオグラフィア』で、ヨーロッパの地図作りの礎となった。プトレマイオスがそれ以前のギリシャ思想から受け継いで提供した情報からは、彼が北を最重要な方位としていたことが見てとれる。コロンブス、バスコ・ダ・ガマ、マゼランといったヨーロッパの探検家たちは皆、プトレマイオスの『ゲオグラフィア』の北向きを利用し、それを受け入れた。しかし、十六世紀初頭になり、探検にともなって地図が拡張されていくようになってもなお地図製作者たちは、北向きのものだけでなく、眩暈《めまい》がするほど多様な種類の図法を提供していた。ジョヴァンニ・コンタリーニの一五〇六年の世界地図のように、北極から放射状に広がる円錐《えんすい》形や扇形のものもあった。心臓のようなハート形をしたもの（心臓形《コーディフォーム》図法として知られている）があるかと思えば、イタリアのヴェスコンテ・デ・マッジョーロの極方位図法などはどちらの極にも中心を合わせることができた。しかし、これらの地図はどれも主要方位を明確に示すものではなく、また水先案内人が地表の曲率や偏角《へんかく》を正しく計算できるほど正確なものでもなかった。

とはいえ、北極星がつねに固定されているという推定が浸透するにつれ、中世の水先案内人はその位置にしたがって航行するようになった。シェイクスピアの『ハムレット』（一六〇〇年）には、北極星の不変性に関連して、この作者にありがちな省略された表現が登場する。ハムレットは、ローゼンクランツとギルデンスターンに対して自分の精神状態について冗談めかし、「わたしは北北西に狂っているだけだ」と主張する。[12] じつはこれはなぞなぞで、コンパスの方位が北北西を指して「ずれている」——つまり「狂っている」——のだが、それは一瞬だけで、すぐに「ふだんの」正常な方位である「真北」に戻ると言っているのだ。しかしここでも、天文観測の結果は移り変わるもので、そのため一貫した北の方位を定めようにもなかなかそうならないというエリザベス朝時代には広く知られていた認識が垣間見える。一九五九年にアルフレッド・ヒッチコックが、今では古典となったスパイ・スリラー映画『北北西に進路を取れ』を監督したとき、タイトルにハムレットを引用したのは、文字通り斜に構えたセンスからだった。ヒッチコックはのちに、「この映画全体がタイトルに凝縮されている。そもそもコンパスには北北西の目盛りは存在しない」と語っている。[13]この映画のプロットは当初、ニューヨークからヒッチコックが最初に結末を想定したアラスカまで、アメリカを北西方向に移動するものとして構想されていた。実際の映画の結末はサウスダコタだが、ヒッチコックが敢えて残したこのタイトルは、監督が自らの管理能力の欠如と真の「ダイレクション」、すなわち「方角／監督術」を見失ったことを揶揄《やゆ》したものだと言われている。[14]

丸を四角に

一五六九年、フランドル地方の地理学者ゲラルドゥス・メルカトル（一五一二～九四）が、のちに彼の名を冠することになる図法を用いた画期的な世界地図を初めて出版したとき、地図の北向き問題に対する最も有力な回答はすでに現れていたと言えるだろう。メルカトルが自らに課した課題は、磁気偏角と地表の曲率を考慮し、船舶の水先案内人が航路を徐々に外れることなく、方角を直線で描けるような地図投影法を作ることだった。メルカトルは、この地図の解説のなかで、この問題に対する解決策についてこう述べている。「赤道を基準にした緯線が長くなっていくのに比例して、各極に向かう経線を徐々に拡大させた」[15]。これはより正確な長距離航行を目的とし、東西に斜めに描かれる航路でも効果的に「直線化」できる仕組みだったが、ひとつ代償があった。赤道から遠ざかれば遠ざかるほど陸塊の歪《ゆが》みが大きくなり、北極は地図の上端いっぱいに位置するようになって、南極も地図の下端で同じように拡大されたのだ。

北はプトレマイオスに倣《なら》ってメルカトルの地図の一番上に置かれた（メルカトルはその後一五七八年に、プトレマイオスの『ゲオグラフィア』を独自に編纂《へんさん》している）。しかしこれは見過ごされがちなのだが、メルカトルにとって北は、はるかに大きな意味を持っていた。メルカトルは北方の「セプテントリオナル・リージョン」と呼ばれる地域を説明する際にこう書いている。「われわれの海図は緯線の幅が最終的に無限大に達してしまうため、極点まで拡張することはできない。それでもまだ極点そのもののかなりの部分を提示する必要がある。われわれは、ここで表現の極限を繰り返し、残りの部分を極点に至るまで表現するために付け加える必要があると考えた」。

メルカトルは、北極における最大の歪みを補うために、地図の左下にあるはめ込みの細部に、「世界のこの部分に最も適しており、球面上の土地の位置と様相をそのまま表現する」はるかに大きな縮尺でそれを再現した。これは北極が初めて詳細に描かれた地図だった。メルカトルは航海用の世界地図では北極の本質を適切に表現できないことを認め、小さな地図を添付する必要性に駆られたのである。

メルカトルは、地球の湾曲と偏角が地図製作者にとっての問題であり、この二つが何世紀にもわたっ

図5　ゲラルドゥス・メルカトルの世界地図（1569年）、東西の航海に焦点を当てつつ、北を意図的に頂点に据えている。

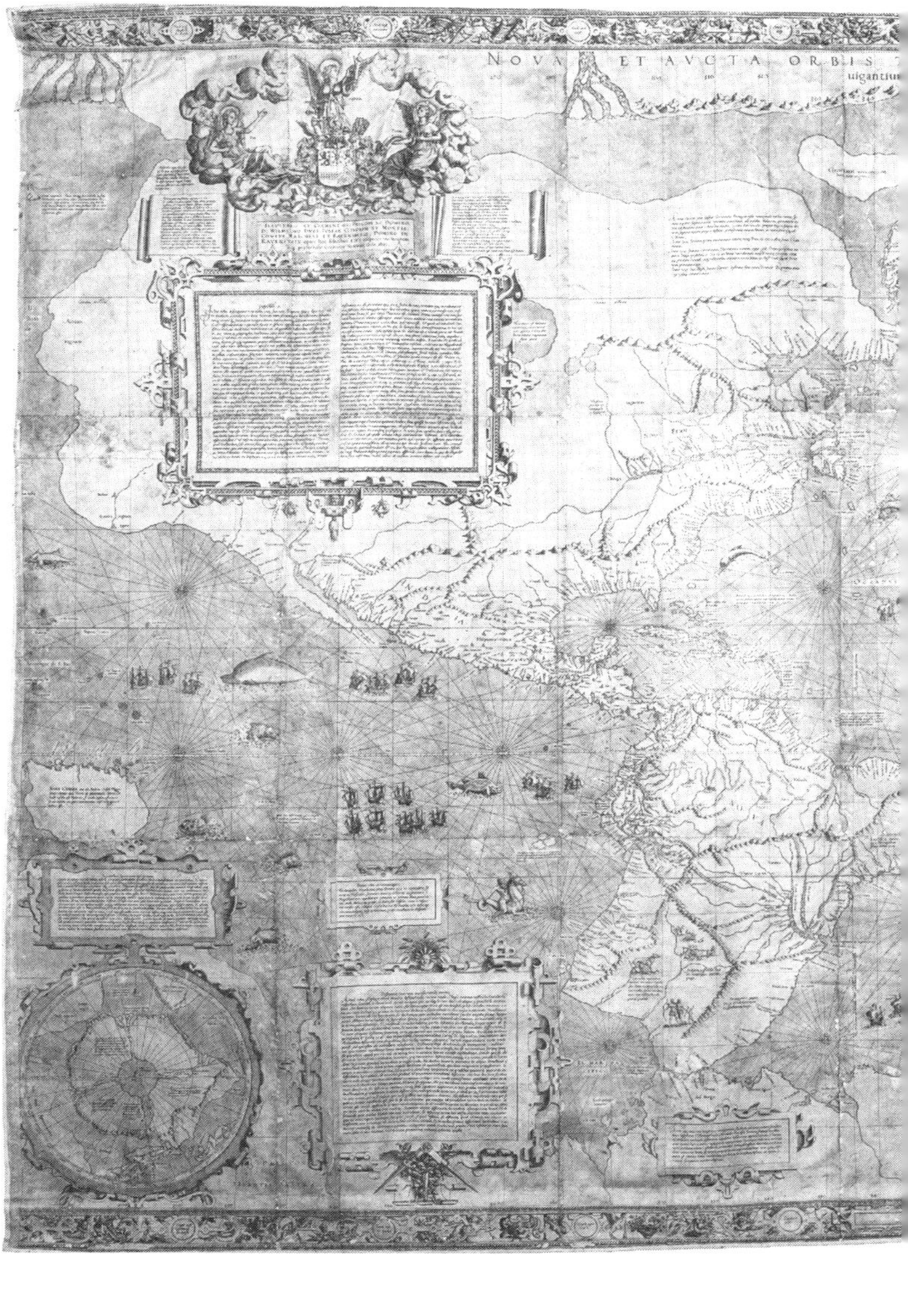
NOVA ET AVCTA ORBIS T

て正確な長距離航海の障害となってきたことを理解していた。ウィリアム・ギルバートが地球を巨大な磁石として説明する三〇年も前に、メルカトルは「世界のあらゆる場所から磁石がそちらを向く特別な磁極があるはずだ」と誤って考え、「その磁石と世界全体に共通する」一貫した偏角を突き止めようとした。そうするなかで彼は北極の地形について空想的な説明を披露している。この説明は、「魔術」を使って北極地方に渡り、「以前はキリエ（おそらくトゥーレ）と呼ばれ、現在はセプテントリオナレス」と呼ばれる土地に到達した、十四世紀のオックスフォード出身の氏名不詳の英国人修道士の幻想的な話に由来するものだった。[16]オックスフォードの修道士の逸話をもとにメルカトルが伝えたところでは、この地方は山脈に囲まれ、その先には極を取り巻くように四つの磁気を帯びた島または「国」があった。「四つの国の真ん中には渦《うず》がある」とメルカトルは書いている。「そこに北を分断する四つの海から水が流れ込んでいる。そして水は、あたかも濾過《ろか》漏斗《ろうと》に注ぐかのように、回りながら押し寄せて地球のなかに降りていく」。そして「北極の真下には岩塊《がんかい》があって」黒く輝いており、それは「磁気を帯びた石」でできている。メルカトルは北極を成す磁気を帯びた岩を受け入れていただけでなく、地球が空洞であることも信じていた。さらに彼は、極点に隣接する島のひとつに「体長四フィート〔約一二〇センチ〕のピグミーやグリーンランドでスクレーリンガーと呼ばれている人々も住んでいる」と主張した。

　メルカトルによる北の地理学は幻想的に見えるかもしれないが、彼のアプローチは、怪異な人々や風景に満ちた地域であるという古典や中世の文献だけでなく、これまで見てきた南極に関する記述の多くとも呼応している。南が無意識の内側へ深層への旅を連想させるのに対し、メルカトルの北は地球儀として表現された頭蓋骨の内側を探るものだった。メルカトルの晩年の功績を示すのに使われているフランス・ホーゲンベルフの手になるメルカトルの肖像は、メルカトル図法ではなく、彼の北極観を世に伝えている。メルカトルは左手に地球儀を持ち、右手で北極の真上に両脚規《ディバイダ》を置き、磁極の島を囲む四つの島と内部が空洞の地球を示している。ディバイダの片脚は、「磁極」という言葉のすぐ横に置かれている。メルカトルは、地球儀を測量する地理学者であると同時に、地球（あるいは脳）の空洞のなかや奥底に何があるのかを調べるために、頭蓋骨にメスを入れようとする医師のようにも見える。このように、北は、メルカトルの世界地図の周辺であると同時に中心でもあった。無限に投影されたために地図本体には存在しなくとも、地図の下隅には詳細な北極の地図として存在し、そこにはスクレーリンガー、磁気を帯びた山々、地球の空洞に注ぎ込む海からなる世界が広がっていたのだ。

北への磁気偏角の計算に配慮したメルカトルの図法は、その後四〇〇年間、ヨーロッパ諸国が国家主導で行う東西方向の探検や植民地化のための航海のほとんどで採用された。メルカトル図法では北が頂点に位置するが、まずヨーロッパで作成された世界地図で、やがては――ヨーロッパが支配していたために――その他の国々で作られたものでもこの形式が踏襲され、以来ずっと北向きが維持されている。これはメルカトルがヨーロッパ至上主義を前提としていたからという見方もあるが、けっしてそうではない。皮肉にも、北が世界地図のトップに来たのは、単に成り行き上のことだったのだ。少なくとも十六世紀には北極圏への航海はほとんど不可能であったため、その地を長期間訪れたり、植民地化したりする必要もなく、無限大に投影したところでとくに影響はなかったのである。当時のキリスト教帝国列強にとって本当に重要だったのは、メルカトルの地図に描かれたいくつもの帆船が示すように、大西洋とインド洋の交易ルートに沿って、西から東へ合理的な精度で航海することだった。東西貿易におけるヨーロッパ商人の先占は、逆説的ではあるが、北を頂点とするメルカトルのアイコン的図法によって助けられ、また強化されたのである。

明らかな不均衡があると同時に、メルカトルの数式の解説が不明瞭であるにもかかわらず、この図法は海図を使う人々のあいだで次第に国際的な成功を収め、十九世紀にはその起源を語る必要がないほど、この図法を取り入れた壁掛け地図や教育用地図が作られるようになった。英国陸地測量部は一九三八年にこれを規定の投影法として採用し、アメリカも初期の衛星地図にこれを用いて、一九七〇年代の無人探査機による火星表面の地図作成にまでこの投影法を利用している。今日の、ウェブ・メルカトル図法は、一五六九年の図法の変種で、二〇〇五年に採用したグーグルを含め、ほぼすべてのオンライン地図サービスで使用されている。メルカトル図法で最重要方位となった北は、ほとんど偶然にこの勝利を手にしたが、この北向きの形式は、今では四五〇年以上前にこの図法によって最初に地図作りをした惑星から何千万キロも離れた星での調査にも使われているのだ。

ダーク・マテリアル

メルカトルが彼の投影法を完成させた頃、地球の反対側、明《みん》の中国でも、北は世界地図の頂点に君臨していたが、その理由はまったく異なるものだった。その地図は中国本土、南シナ海、東南アジアを含んだもので、セルデン中国地図として知られている。オックスフォードのボドリアン図書館にこの地図を寄贈した学者ジョン・セルデン（一五八四〜一六五四）にちなんで名づけられ、東南アジア全域とその海上航路が描かれた中国地図としては、現存する最古のもので、当時のアジア地図にはない縮尺と様式が採用されている。中国の地図製作者が十七世紀前半の二〇年のどこかで製作したものと考えられ、現在では過去七〇〇年間で最も重要な中国地図とみなされている。[17]

メルカトルの投影図からわずか数十年後、セルデン地図も北を最重要方位としたが、それは磁極のためではない。この地図のユニークな特徴のひとつは、コンパス・ローズとスケールバーで、これはそれまでの中国地図には見られないものだ。コンパス・ローズには七二のポイントがあり、中央には「羅針」と書かれている。中国の航海士たちは、遅くとも十世紀頃から羅針儀または司南（南を指すものの意）を使っていた。乾式羅針盤（支柱に取り付けるもの）もあれば、磁気を帯びた針を水に浮かべる方式のものもあった。読み取った結果は、ヨーロッパの「リューター」に相当する「針経」すなわち「コンパスマニュアル」を作成するために使用された。これはコンパスが示した方位にもとづき、ある場所から別の場所へ航海する方法を記したものである。セルデン地図に描かれた羅針は南を指しているが、地図自体は臣下が皇帝に謁見《えっけん》するときの方角と同じで、北を上にしている。

ともあれ、中国や他のアジア社会にとって北が何を表すかは、複雑で矛盾に満ちたままだった。中国王朝時代の思想では、北は危機的な場所、万里の長城の向こうの荒れ地、（南の）文明と（北の）未開の境界線によって区切られた野蛮な侵略者の本拠地という、より具体的な地理的重要性を帯びていた。八世紀の中国の詩では、万里の長城の北側はことごとく世界の果てとして思い描かれていた。李賀《りが》（七九一〜八一六）の詩『塞下曲《そくかきょく》』では、城壁を越えて侵入してきた敵軍が、北の表す終末的なイメージを携えてくる。「（彼らの）天幕の北、天まさにここに尽きる」[18]。最も危険な敵は北から出てくる。これを読むと十五世紀に帝国の首都北京が地理的戦略上、北に位置づけられた意味がわかる。モンゴルの侵攻を防ぐため、軍事力をそこに集中させるためだったのだ。「紫禁城《しきんじょう》」という漢字を見ると、「禁」は禁じられた、「城」は城壁に囲まれた要塞を意味し、「紫」の紫色は、神話の玉皇大帝の住まいでもある北極星を連想させる。野蛮な侵略者と幽霊、氷と闇が混在する北は、中国人の想像力のなかでつねに脅威的でありながら空想をかき立てる場所でありつづけた。さらには毛沢東の有名な北への長征《ちょうせい》（一九三四〜三五年）は神話化されて中国共産党内で彼の権力台頭のきっかけともなった。

日本の文化も、「北」とその反対である「南」に対して、同じように相対する姿勢を受け継いでおり、とくに北東の「鬼門《きもん》」は文字通り訳せば悪魔の門となるように、最も不吉な方角とみなされていた。日本の伝統的な家屋は、方角、とくに北の方位に対して正しく配置するよう設計されている[19]。一六八九年、江戸時代の俳人、松尾芭蕉（一六四四〜九四）は、江戸から北に向かい、山々を抜け、東北地方の彼がまだ足を踏み入れたことのない国々を巡ったのちに、大垣で旅を終えた。芭蕉にとって、北への旅、すなわち彼自身の既知の限界への旅は、人生そのもののメタファーだった（『おくのほそ道』の英語版タイトルは、しばしば『北の果てへの細い道』とされる）。

芭蕉の比喩的な北への旅は、彼の心の「奥地」への旅をも意味していた。このような北の果てへの旅は、その後のヨーロッパの作家たちにもインスピレーションを与えた。北極圏に想いを馳せるイギリス文学の伝統は、メアリー・シェリーの『フランケンシュタイン』（一八一八年）にはじまる。この小説は、ロバート・ウォルトン大尉が「ロンドンのはるか北方」から姉に宛てた一連の手紙の形式で書かれている。最初はサンクトペテルブルクから手紙を書いたあと、彼はさらにアルハンゲリスクから「北極を目指す発見の航海」のために北上するが、北極を「美しさと歓《よろこ》びの地」と表現している。フランケンシュタイン青年が創造した怪物の物語はその後、回想の形式で語られ、怪物が創造主を苦しめ、フランケンシュタイン青年は怪物を追って「北極の永遠に解けない氷山」を目指したことが明らかになる。フランケンシュタイン青年が死ぬとき、彼はウォルトンに「地球の最北端を目指し」そこで生涯を終えるのだと言いつつも、果たせずに息絶える。小説は、北へ向かう氷のいかだに飛び乗った怪物が、「波に流され、はるかな闇に呑まれて見えなくなる」ところでおわる。ウォルトンは北の大地を追い求めながら、無邪気にも人が住んでいない場所だと信じているが、それはフランケンシュタインの怪物の創造と同じくらい、見当違いで傲慢な考えだ。[20]

　最近では、フィリップ・プルマンの『ライラの冒険』三部作（一九九五〜二〇〇〇年）の『黄金の羅針盤』（一九九五年）のなかで、主人公ライラ・ベラクアが行方不明の友人や家族を探すためにパラレル世界の北極圏の「北」を探索する場面が描かれている。ライラが初めて目にしたオーロラは、彼女のふだんの世界を超えた別世界を暗示し、彼女を旅へと駆り立てる「磁石」となる。オックスフォードから北上し、ロンドンにある架空の北極研究所に向かう彼女の旅には、真理計（アレシオメーター）なる装置が使われるが、これはプルマンが創り出した道案内と内なる真実を象徴する装置で、「時計のようでもあり、コンパスのようでもあり、文字盤のあちこちを指し示す針があったが、時や方位を示す目盛りの代わりに小さな絵がいくつかあった」と表現されている。[21]

白い光

これらのヨーロッパの文学が北極圏を描く際に共通していたのは、そこに住む先住民族の描写が省かれていたことだ。

北極圏は地球上の地表の約一五％を占め、イヌイット、アレウト、サーミをはじめ、北米北極圏やロシア領北部にはさまざまな集団が暮らしている。[22] 現在約一五万人の人口がいるイヌイットは、三つの海（大西洋、北極海、太平洋）に隣接する、現代カナダのラブラドル海岸の北緯五五度線からグリーンランドの北緯八〇度までの一帯に住んでいる。コロンブスが到達した当初、ヨーロッパ人による植民地化という名の略奪によって南北アメリカ大陸は大きな打撃を受けたが、彼らはその影響をほとんど受けなかった。北極圏の環境はあまりにも厳しく、目ぼしい交易品もなかったため、ヨーロッパの植民者たちは興味を示さなかったのだ。しかし十九世紀になると、捕鯨と毛皮の取引のために、かなりの数のカルルナート（イヌイット語で白人を意味する）が押し寄せてきた。推定によると、十九世紀にアラスカとシベリア北西部の一部の先住民の人口は、ヨーロッパ人がもたらした病気と天然資源をめぐる競争の影響により、五〇〜八五％減少した。[23]

一八三一年六月一日、イギリスの海軍士官ジェームズ・クラーク・ロスがカナダ北部のブーシア半島で北磁極に到達し、これはイギリス王のものだと主張した。磁極の位置は一年に四〇キロほど移動するため、まったくもって虚《むな》しい主張だった。ロスのようなヨーロッパの探検家たちは、磁気コンパスを使って自分たちの考える究極の北を目指したが、そのなかで彼らは、イヌイットには北という概念がなく、自分たちを「北方人」とも思っていないことを知った。またイヌイットにとっての北極星は、ヨーロッパの低緯度に住む人々が抱いていたような哲学的な意味を持つものではなかった。その理由は単純で、北緯六八度以上では星があまりに空高く、とくに悪天候で視界が限られたなかで犬橇《いぬぞり》を走らせる場合、方角を示すポイントとして実用的ではなかったのである。グリーンランド北西部という高緯度に位置するイヌイットのコミュニティでは、北極星に与えられた名前すらなかった。より南の出身の人々はさまざまな呼び方をしたが、とくに固定したものはなかった。「決して動かない」という意味の「ヌットゥイトゥク」や、「目指すべきもの」という意味の「トゥラアガク」、たまに「ウルリアクジャク」「偉大な星」と呼ぶ者もいた。[24]

イヌイットは、星や磁気コンパスにはほとんど頼らず、他の道案内の方法を開発しなければならなかった。一九八〇年代、人類学者のジョン・マクドナルドは、イグルーリクのイヌイット旅行者にインタビューを行い、彼らの天体についての考え方と方向探知術に関して書かれた初めての英語の本を執筆した。イグルーリクのコミュニティの一人、アイピリク・イヌクスクは彼にこう言った。「空だけを見て方向を定め、地上に注意を払わないせいで、道に迷う人がいる。星は絶えず動いているから、道に迷うことになる。（中略）だからわたしは地上に目を向けているんだ」[25]。イヌイットは、このように状況にかかわらず自分がどこにいるのかを認識することを、「超観察的」という意味を持つ「アアンクァイタク」という言葉で表しており、マクドナルドはそこに注目した。その反対語は「アアンガジュグ」で、これは「コミュニティから離れるとすぐに目的地がわからなくなり、その結果、盲目的にさまよう人」と訳されている。[26]磁気コンパスのような科学的なナビゲーション機器を使う「盲目」のヨーロッパ人旅行者にとっては、北極圏は荒れ地であり、生命が存在しない特徴のない空間に見えただろう。この地域に住む人々は、ロマン派が「北極圏の崇高さ」と呼ぶものを創造する際、無視されるか、美的効果を狙った小道具として利用されるだけだったのだ。[27]

地球上の究極の北を追い求めた結果、ヨーロッパの探検家たちは自業自得ともいえる犠牲者を出した。最も有名なのはジョン・フランクリン卿である。一八四五年五月、彼は二隻の船と一二八人の乗組員とともにイギリスを出発した。フランクリンは北極海を通って大西洋と太平洋を結ぶ北西航路を見つけるつもりだったと思われがちだ。じつのところ、彼は何年も前から、たとえそのような航路があったとしても商業的には無意味であることを認めていた。一八三一年に友人のジェームズ・クラーク・ロス船長によって磁北が発見されたあと、フランクリンは六カ月間の磁気観測を行うための再航海を提案した。彼は、地球の磁場を正確に予測できる地磁気図を作成する予定だった。船はテラー号とエレバス号（ギリシャ神話で闇と混沌を象徴する神と冥界の死者の場所）と名づけられた。カナダの北極海諸島にあるキング・ウィリアム島沖の氷に閉じ込められたフランクリンの船が最後に目撃されたのは、一八四五年七月のことだった。フランクリンは生き延びる努力をつづけたものの、一八四七年六月に死亡した。残りの乗組員たちは氷から脱出する方法を探しつづけ、人肉食に頼ったとも言われているが、最終的には低体温症と飢餓によって息絶えた。

磁北を追い求めたフランクリンの死は、ヴィクトリア朝時代のイングランドに衝撃を与えた。未亡人のレディ・フランクリンは、夫が北西航路を探し求めた英雄的探検家であったという壮大な神話を世間に押しつけようとした。アルフレッド・テニスン卿は、北の氷のなかで失われたフランクリンの命と、彼の極地を越えたあの世への旅立ちを国民的なトラウマとして記録し、彼の墓碑銘を書いた。

ここにはいない！　汝《なんじ》の骨は、白い北が抱く。そして汝、
雄々しき船乗りの魂よ、
今こそ幸福な航海へと旅立つのだ
あの世の極へと[28]

六五年後に南の「偉大なる白い砂漠」がスコット船長を連れ去ったように、「白い北」がフランクリンを求めたのである。

白人たちの白い戦い

　ヴィクトリア朝におけるヴァイキング、アイスランド、ノルウェーの「古き北方」とその「白人」の純粋な民族性への憧れは、「白人の重荷」という帝国イデオロギー、すなわちヨーロッパとアメリカが非白人世界を探検し、植民地化し、文明と「進歩」をもたらすという道徳的義務を引き連れていた。それは、「北欧人種」は優れた集団であり、東西南北をおしなべて植民地化し、征服しているという二十世紀の人種的幻想を生み出した。[29]「北方人種」という言葉は、一九〇〇年にロシアの人類学者ジョセフ・デニカールによって初めて作られ、すぐにアーリア人、チュートン人、アングロサクソン人という擬似科学的人種差別の言葉と結びついた。そうした考えがかつてはナチスをはじめとするファシスト政権において、北方系白人の「支配者民族」を追求することの根拠となり、現在もそれはつづいている。[30]

　十九世紀末には、アメリカもまた、探検家たちのあいだで「最北」として知られる地を発見する競争に加わり、人種差別と女性差別に彩られた追求を繰り広げた。北西航路の探索が衰退するにつれ、イギリスとアメリカの男性探検家たちは、北極点に最初に到達するという帝国の栄誉をめぐって争うようになり、それ自体を目的とする北極探検が熱を増した。一八九〇年代を通じてこのレースの先頭に立っていた米国の探検家で海軍将校のロバート・ピアリーは、彼が「北の偉大なる白きミステリー」と呼ぶものを探し求めた。[31] 一八八六年から一九〇九年にかけて、ピアリーは八回にわたって北極探検隊を率い、グリーンランドを横断し、イヌイットの現地知識を駆使して、彼が信じる正確な北極点に近づこうとした。一九〇六年、ピアリーは『北極の魅力』というエッセイを執筆し、古代ギリシャにまでさかのぼる哲学的、詩的な表現を借用しつつ北極を表現した。「北極点は陸地、人口、文明の半球である北半球の正確な中心である」と彼は書いた。

それは地球の地軸が地表を貫く点である。経度も時間も、北も東も西もなく、南だけが存在する場所であり、吹く風はすべて南風である。一年に一夜と一昼しかない場所であり、天文学上の正午と天文学上の真夜中が二歩で分かたれる場所である。すべての天体が水平に移動しているように見える場所であり、地平のすぐ上に見える星はけっして沈むことなく、地平線をかすめるように永遠に回りつづける。[32]

ピアリーにとって極点とは究極の北であり、世界の頂点であり、「文明化した」白人男性によって征服されるのを待っているものだった。これは「世界が供する偉大な地理的賞品のうち最後に残されたひとつであり、地球上で最も強く、最も啓蒙され、最も冒険心あふれる国々の最も優秀な男たちが、四世紀近くも挑んでは失敗を繰り返してきたものである。つまりそれは、最も偉大な国家が勝ち取って誇りとするトロフィーなのだ[33]」。

ピアリーの北への最後の挑戦は、一九〇八年七月にローズヴェルト号でニューヨークを出発したところではじまった。乗組員には、一八八七年以来ピアリーのすべての北極探検に同行してきたアフリカ系アメリカ人の販売員マシュー・ヘンソンが含まれていた。一九〇九年二月にグリーンランドに到着すると、数人のイヌイットのガイドを雇って犬橇《いぬぞり》を調達し、探検隊は北へ向かった。四月六日、ピアリーは六分儀を使って太陽の角度を測定し、自分が今いる位置の緯度を八九度五七分と推定した。彼は、その測定値が「北と南、東と西がひとつに混ざり合う地点の上、またはそのごく近く」のものだと主張した。[34]ピアリーは、現代の科学的推定にもとづき、自分が極点に限りなく近づいており、それを「わがもの」にできると確信した。ピアリーの今回の計測の前に先へ進んで偵察する任務を与えられていたヘンソンは戻ってくると、「わたしは世界の頂上に座った最初の男になったようだ」と言った。ピアリーはこれに激怒しててさらに計測を行い、ヘンソンは極点からまだ五キロ離れた地点にいたと決めつけると、自ら旗を立てるために出発した。かくしてピアリーは、グリーンランド横断の果てに、彼自身の、そしてアメリカの宿命だと考えていたことを成し遂げた。「星条旗が極夜の霧と暗がりから未開の北の岬をもぎ取った」。ヘンソンの主張は沈黙のうちに忘れ去られていた。

極点で方角は崩壊したかもしれないが、ピアリーは当時優勢だった帝国的人種ヒエラルキーを強調することも忘れなかった。ついに北の頂点に達したとき、彼はあらかじめ物事の序列を想像していた。彼はこう書いている。「あの最も北にある土地、地球の表面で最も北に位置する定点として知られ、おそらく人間の足で踏まれたことのない地に、三つの偉大な人種の代表が集まった。コーカソイドのわたし、エチオピア人のヘンソン、そしてモンゴル人のアングマロクトクである」[35]。この奇妙な人種分けにおいて、白人の「コーカソイド」であるピアリーは、古典的なギリシャ・ローマ時代の分類に戻り、ヘンソンは「エチオピア人」に、イヌイットのガイドであるアングマロクトクは「モンゴル人」に変えられてしまった。

北極点に近い場所に到達したことと、それが世界中の人々に受け入れられることは、また別の話だった。一九〇九年秋に米国に戻ったピアリーは、ヘンソンの主張を歴史から抹消しようと躍起になっていたところ、探検家のフレデリック・クックが一年前の一九〇八年四月に北極点に到達したと主張していることを知った。ピアリーの以前の探検隊のメンバーであり元外科医のクックもまた、ピアリーと同様、「北の大地から来いというお召《め》しを受けた。未知の世界を侵略し、

図6　1909年4月、ロバート・ピアリーが北極点と信じる場所で撮影したマシュー・ヘンソンと4人のイヌイット人ガイド、ウークア、ウータ、エギングワ、シーグロの写真。

白く凍りついた北の要塞を攻撃せよと」と神話もどきの話をし、ギリシャ時代からの古い言い回しでそこを「北風の中心」と呼んだ。[36] しかし、極点と思われる場所に到着したとき、クックは深遠なる高揚感を味わい、ほどなくして、それが一気にしぼむのを感じた。「北も東も西も消えていた。どの方向も南だったが、磁極を指すコンパスは相変わらず役に立った」と彼は書いている。だが「征服に成功して大喜びしたのもつかの間、翌日、わたしたちの気分は下降しはじめた！　どこまでもつづく紫の雪原。生命はない。土もない。（中略）死んだ氷の世界で、脈動する生き物はわたしたちだけだった[37]」。

地理上の北極点の正確な位置を定める決定的かつ物理的な目印や客観的な科学的手法がなかったため、二人とも自らの到達を裏づける検証可能な確たる証拠を出すことができないまま、それぞれの優位を主張しつづけた。アメリカ下院議会は、科学的根拠というよりも政治的配慮にもとづいてピアリーを支持した。王立地理学会もピアリーの主張を認め、一九一〇年には栄誉ある金メダルを授与したが、その決定をめぐって会員の意見は分かれた。実体のない極点に最初に立つという偉業に最も近かったのは誰か。この点については、今日に至るまで依然として諸説紛々としている。地理的にも科学的にも、永続的な物理的北極点は存在しない。クックを失望に駆り立てたのは、実際にはそこにないものに到達してしまったことなのかもしれない。北極点は物理的、地磁気的な力によって動きつづけ、移動しつづける。その対極にある南極のように、決定的な「ここ」はない。

近年、黒人アーティストたちは、ピアリーのような白人男性の北極に対する人種問題がらみの幻想に疑念を投げかけ、北極を場所として、また概念としてとらえ直そうとしている。大規模マルチスクリーン・ビデオ・インスタレーション作品『トゥルー・ノース』（二〇〇四年）において、イギリスの黒人インスタレーション・アーティスト兼映像作家のアイザック・ジュリアンは、北極とヘンソンによるその「発見」を再認識しようとしている。この作品は、ヘンソンの回想録『北極の黒人探検家』（一九一二年）を用いつつ、ほとんど忘れ去られた四人のイヌイット人ガイドについても想像することにより、ヘンソンの視点から探検隊の物語を再現している。ヘンソンは、ピアリーが極点に米国旗を掲げたとき、「獰《どう》猛《もう》なまでの喜びと高揚を感じた」と書いている。「またひとつ世界の偉業が成し遂げられたのだ。そして有史以来ずっとそうだったように、世界的な偉業が白人によってなされるときには、必ず有色人種が同伴していた[38]」。

ジュリアンはヘンソンの言葉を使いつつ、極地探検の通常の物語を、物理的・人種的な白さのものとして「方向転換」させる。彼のタイトルは、ヘンソンのような黒人奴隷の子孫にとって、「北」——そして「南」——が持つさまざまな象徴的意味についての遊びさえ含んでいるのだ。ヘンソンの両親は小作農として生きるアメリカ黒人だった。ロバート・ステプトが論じたように、「アフロ・アメリカンの物語文学において将来の発展へとつながる旅路が北へのものだったことは疑いようもない[39]」。それは、南部諸州のプランテーションの奴隷という立場から比較的自由を手にすることができる北部へ向けたものだった。ヘンソンは、黒人は北へ移動することはできず、「熱帯」の南部にとどまるべきだと主張する、南北戦争以前の米国南部の人種差別的な思い込みと気候決定論を、身をもって体験していた。一九〇九年に帰国した際、ヘンソンは公の席で語った。「グリーンランドへと発つとき、わたしは生きて帰ることができないだろうと言われた。寒さに耐えられないだろうと。わたしは、なんなら命がけで証明してみせると言った。そしてわたしは生き延び、こうして帰ってきた」[40]。

ロンドン生まれの演劇アーティスト、モジソラ・アデバヨは、『マット・ヘンソン、北極星』(二〇〇九年)でジュリアンの北極における黒人の物語の再創造をさらに推し進めた。これは南極について彼女がそれ以前に描き出した作品『南極のモジ』の姉妹編とも言える作品だ。アデバヨの主人公ヘンソンは、アカテイングワと呼ばれるイヌイットの女性やピアリー自身など、さまざまな実在の人物や歴史に名を残した人物と対峙《たいじ》する。ヘンソンはピアリーを、極点を「発見」していた人物がいたにもかかわらず無視し、「彼の肉体の地理的存在さえも地図から消し去った」として、その責任を追及する。一方アカテイングワは、ヘンソンがピアリーとともにイヌイット社会にもたらした死や混乱、破壊(現地の女性に産ませた子供を見捨てたことも含む)について、その罪に連座したことでヘンソンを責める。ヘンソンは、「北極点は新大陸以来の大発見だ」と怒りを露わにする。「わたしは南部の奴隷の子孫だが、地球の頂までのぼりつめた——頂点に立ったアフリカ人なんだ。あなたはわたしを誇りに思うべきだ。こんなこと、言われるためにここにいるんじゃない。わたしは優しいほうってことになってるんだ。今回のこの話じゃ、被害者なんだ」。黒人と白人、男たちは二人とも、北のイヌイット女性への抑圧という点では共犯だった。劇は、ピアリーが新たな方向性を提示して終わる。「わたしたちは顔を南へ、未来へ向けようじゃないか」と[41]。

北方性

ヨーロッパとアメリカの帝国主義的探検が衰退し、二十世紀に脱植民地化が進むと、ヨーロッパでは、北欧人種の「優越性」という人種差別的幻想に疑問を投げかける、より内省的な姿勢が現れはじめた。フランクリンが行方不明になったことでかきたてられたヴィクトリア朝の北方神話は残ったものの、イギリスの詩人たち（多くはイングランド北部の出身者）は、北という方位にまつわるより純粋で救済的な物語を想像した。イギリスの詩人W・H・オーデン――生まれは北部のヨークだが、育ちは中部ミッドランズ――は、詩作のインスピレーションの多くを故郷の北から得ていた。「物心ついたときから、わたしの気持ちは羅針盤によって方向づけられていた」と、彼は雑誌記事に書いている。それは「寒いのが好きだ」という遊び心のあるタイトルの記事で、一九四七年に掲載されたものだ。「わたしは両方の神話を読んで育ったが、北欧神話はギリシャ神話よりはるかに魅力的だった。（中略）イングランド北部は、そこに行く何年も前から、わたしの夢のネヴァー・ネヴァー・ランドだった。今日に至るまで、わたしにとってクルー鉄道の分岐点は、異質な南が終わり、わたしの世界である北がはじまる、激しく胸躍るような境界（フロンティア）なのだ[42]」。

オーデンの精神的志向は、方角と結びついた独自の内的世界を作り出すことを可能にした。

北と南は、鮮明な対照をなす二つのイメージと感情のかたまりの中心である。（中略）北――寒さ、風、断崖絶壁、氷河、洞窟、数々の危機を克服する英雄、鯨、熱々の肉と野菜の付け合わせ、集中力と生産、プライバシー。南――暑さ、光、干ばつ、静けさ、農園風景、木々、ロータリークラブの集団、怠惰で気楽な暮らし、蜘蛛《くも》、果物やデザート、時間の浪費、宣伝[43]。

オーデンは、英国の詩人として受け継いだ古典的な「南部」の伝統とは異なる美学を創造したかった。そこで彼は、代わりに古英語、あるいは彼が「北部の野蛮な詩」と呼ぶものを取り入れた[44]。オーデンが神話的な北を再構築していた頃、英語圏やフランス語圏の作家や思想家たちは、植民地支配の暴力と入植の長い歴史に対する政治的な反応を、北部に指定された場所から、あるいはそうした場所のなかで示していた。シェイマス・ヒーニーは、故郷の北アイルランドで紛争が激しさを増していた一九七五年、同タイトルの詩集に収録された詩「北」のなかで、北方性の長く複雑な歴史について考察している。ドニゴールの海岸から北を見下ろしながら、ヒーニーは「大西洋の力が轟《とどろ》き」、「素晴らしい略奪者」であるヴァイキングが「地理と交易」、「あふれ出す血」、「言葉の宝庫」という矛盾した遺産をもたらしたことに想いを馳せた。このような複雑な歴史と地理から、ヒーニーは「暗闇で詩作」し、「オーロラを期待」しなければならないと気づく。――暗い詩的洞察の瞬間――「しかし光の滝はない[45]」。

ヒーニーが祖国を巻き込んだ暴力と宗派対立の根深い歴史的理由を詩作という形で理解する一方で、カナダの社会科学者たちもまた、いわゆる北方領土とその先住民コミュニティに対する社会的・政治的姿勢を改めつつあった。南の隣国であるアメリカが、西部開拓時代の想像力によって形成された東西軸の一部として自らを理解していたのに対し（これについては次章で詳しく述べるが）、カナダは、南のアメリカと北の北極圏に挟まれた南北方向で自らを思い描いていた。ノースウエスト準州、ヌナヴト準州、ユーコン準州を合わせると国土の四〇％を占めるが、そこに住む人口はわずか一％にすぎない。一九六〇年代、カナダの地理学者ルイス＝エドモンド・ハメリン（ルイ＝エドモン・アムラン）は、このような民族的・地理的不平等に対処する試みとして、極地あるいは「グローバル・ノルディック・インデックス」と呼ばれるものを作成した。[46]

ヒーニーと同様にハメリンは、十九世紀末から二十世紀初頭にかけて白人至上主義の指標となってきた「北方性（ノーディシティ）」という生物学を利用した人種差別主義を跳ねのけようとしたのである。ハメリンの指数では、それに代わって、「北方性」を「北としての状態またはレベル」と定義し、緯度、気候、植生から経済活動、生活環境まで、定量化可能な一〇の要素にもとづき、それぞれを〇点から一〇〇点のあいだで採点した。彼の指数によれば、カナダの領土の約七〇％は「北方」と認定され（これは公的に算出された三九％と大きく異なっている）、スカンジナヴィアやシベリアよりも広範囲におよんだ。この事実こそが、本来先住民コミュニティの生活形態と連動させつつ推進すべきだった定住と経済発展を妨げる要因だった。ハーメリンの指数によって、彼が「アイソノルド」と呼ぶ孤立した「北方」が南方との接触を維持できるよう、経済・社会サービス面での国家支援が可能になった。[47]

カナダ北部に対する認識の変化にまつわる反応のなかで、最も雄弁でありながら謎めいたもののひとつは、カナダのピアニスト、グレン・グールドが、彼の実験的ラジオドキュメンタリー『北の理念』

（一九六七年）のなかで語ったものである。彼は北方地域を経験したカナダの男女を集め、ウィニペグからマニトバ州北部にある北極圏の港チャーチルまでの一七〇〇キロを二日以上かけて走る「マスキーグ・エクスプレス」の列車の旅を再現した。このドキュメンタリーを紹介する際にグールドは、彼自身「北部については経験らしい経験がない」ことを認めた。それどころか、「遠くから夢を見たり、それについて法螺《ほら》話をしたりしつつ、最終的には避けて通るのにちょうどいい場所[48]」と語ったのだ。

グールドは、北方のさまざまな経験について語る声を重ね合わせた、「対位法（コントラプンタル）」サウンドスケープなるものを編み出した。グールドのドキュメンタリーには、ボブ・フィリップスという政府官僚、ジム・ロッツという地理学者、そしてマリアンヌ・シュローダーという看護師の、三人の声がおもに登場する。列車がガタンゴトンと音を立てて北上するなか、ボブ・フィリップスは北方地域の植民地時代の歴史について語り、カナダ人が「そこに住む人々に対する責任に無頓着きわまりなかった。（中略）わたしたちは北に関心がなかった。それは広大な無主地（テラ・ヌリアス）も同然だった」と認める。フィリップスは、十九世紀を通じてヨーロッパ人が北を追い求めたあげくに犯した破壊的僭《せん》越《えつ》行為について、「ローマ時代の伝統にも、わたしの考えで言えば、今日の基準で判断するとかなり残酷なものが多々ある」と結論づけた。地理学者のジム・ロッツはフィリップスの意見に同意し、「北に身を置くと、多くの面で、われわれは最も偉大にもなれば、最もグロテスクにもなる」と語った。グールドのドキュメンタリーでは、そこで「北方人」や「エスキモー」という名で呼ばれる先住民のコミュニティから誰かが登場することも、その声が紹介されることもなく、マリアンヌ・シュローダー以外の女性の声が紹介されることもなかった。シュローダーは「女性が来るような土地じゃない。（中略）女が一人で立ち向かえるような世界じゃない」と人々に言われたと回想している。一九九五年、カナダの小説家マーガレット・アトウッドは、『奇妙なもの――カナダ文学における悪意ある北』のなかで、こうした不在を取り上げた。アトウッドは、「カナダ人は長いあいだ、あって当然のものと北部を考えてきたうえに、アイデンティティやそこに帰属することについて、わたしたちの感情の大部分をつぎ込んできた」[49]と述べている。創作における北部に対する反応を取り上げながらアトウッドは、カナダ人の男性作家の作品の大半において、北部は荒野や辺境、物理的な場所であると同時に心情を表すものとして機能していると指摘した。それは「不気味で、まるで宗教かと思えるほどの畏敬の念を抱かせ、白人男性に敵対的でありながら、たまらなく魅力的であり、あなたを誘い込み、へとへとに疲れさせる。やがてはあなたを狂わせ、最後にはあなたをそのなかに取り込もうとする」[50]。

それぞれの方位の最果ての地点で直面する狂気と破滅に対する恐怖は、しばしば怪物の形で現れる。中世のマッパ・ムンディでは、南の端に異形《いぎょう》の種族が描かれていた。カナダでは、アトウッドが指摘するように、そのような恐怖は北から、ある特定の怪物の形でやってくる――ウェンディゴだ（「ウィンディゴ」、「ウェティィコ」、その他アルゴンキン族によって名づけられたさまざまな呼び名もある）。ウェンディゴは「心臓を持ち、時には体全体が氷そのものとなる精霊」である。人を殺して食べるだけでなく、人に憑依《ひょうい》し、人肉への飽くなき飢えを乗り移らせることができる。ウェンディゴの起源は、オジブワ族を含むアメリカ北部のアルゴンキン語を話す部族の民間伝承にあり、オジブワ族はこの怪物を「ウィンディグー」と呼ぶ。イエズス会の宣教師たちがウェンディゴの話に初めて出会ったのは十七世紀初頭のケベック近郊で、そこではウェンディゴはしばしば北とその特徴である寒さ、暗さ、飢えを擬人化したものとして登場した。

十九世紀以降、ウェンディゴはカナダ入植者の著作物に浸透し、北の奥地に行きすぎた場合に起こる危険――そしておそらくその奥底に潜む快楽――を特徴づけるものとして、繰り返し描かれてきた。人としての孤独と身体的な困窮によって極限に追い込まれる北部では、正気を失いそうになったり、あるいは初期のカナダ入植者の表現を借りれば「キャビン・フィーバー〔僻地《へきち》や隔離生活で生じる情緒不安定〕」に陥ったり、「ぼろぼろ《ブッシュド》」になったりすることもあった。肉体的な忍耐の限界に挑戦することで自らを変えようとするなかで、ヨーロッパ人入植者たちは、自己を見失うことを受け入れ――そしておそらくは招き入れた。アトウッドがウェンディゴになることをめぐる恐怖と欲望を表現する際に述べているように、「超人的でありたいという欲望によって、まだいくばくかは残っているかもしれない人間性を失うことになる[51]」。

一九二〇年代には、「ウェンディゴ精神病」は精神異常の一形態として臨床的に認められるようにさえなり、その症状としては、人肉食の強迫観念に取りつかれたように感じるというものだった。[52] 最近になって精神医学界はウェンディゴを否定するようになったものの、ヨーロッパ人と北方先住民社会との接触が生み出した恐ろしいウェンディゴ神話は、大衆の想像力に深く根差している。精神医学がウェンディゴ精神病から距離を置こうとする一方で、歴史家たちは植民地支配の心理的力学を探求するうえで、この問題が持ついくつかの側面に注目した。一九七八年、アルゴンキン族の血を引くファースト・ネーション〔カナダに住む先住民のうち、イヌイットもしくはメティ以外の民族〕の作家であり活動家であるジャック・D・フォーブスは、『コロンブスと食人族――搾取、帝国主義、テロリズムのウェティコ病』[53]を出版した。フォーブスは、「自己の目的や利益のために他者の生命を消費すること」という比喩的な意味において「帝国主義と搾取はカニバリズムの一形態である」と書いている。一四九二年のコロンブスの到着は、フォーブスが「ウェティコ病、搾取の病」と呼ぶものをもたらした。ヨーロッパ人は先住民のコミュニティを「消費」し、彼らの土地と資源を収奪し、人肉食にも匹敵する「利己的消費」の殺人的慣習によって奴隷にしたのである。フォーブスに言わせれば、北方からやってきたウェティコは、先住民を食い物にして植民地で私腹を肥やさずにはいられないヨーロッパの病の象徴だった。

アトウッドは、十九世紀の作品全体を眺めたとき――そのほとんどが男性作家によるものだった――「北はあなたを破滅へと誘う冷たいファム・ファタール〔運命の女〕」という表現が繰り返し使われていることに気づいた。しかし、二十世紀半ばになると、女性作家たちは異なる方向性を示しはじめた。アトウッドは、「男と会うために森に行く代わりに、彼女たちは一人で森に行くようになる。そればかりか、男から逃れるためにそうすることさえある」[54]ことに注目した。マリアン・エンゲルの小説『ベア』（一九七六年）では、ルーという司書がオンタリオ州北東部を旅し、そこで熊と性的関係を結ぶ。アトウッドにとって、この毛皮に覆われた北のシンボルと女性が出会う物語は、男性が描く典型的な物語とは一線を画すものだ。アトウッドは書いている。「彼女は自然界を征服するのでも、そこに溶け込むのでもない。そうではなく、その友となるのだ」。

北を理解するうえでのこの転換は、北をロマンチックにとらえ、征服し、支配しようとする支配的な男性の欲望からの脱却を意味するかもしれないが、鋭いアトウッドはそう簡単に喜んだりはせず、警告を与える。「悪い知らせが入ってきた——北にはおわりがないわけではない」。環境汚染と気候変動は、この地域とそこに住む人々に打撃を与えている。対策を講じなければとアトウッドは言う。「北は女でも男でもなく、恐怖も健康ももたらさなくなってしまうだろう。なぜならそれはもう、死んでしまうのだから[55]」。

北の死

極地の氷が解け、海面が上昇する一方で、北極圏に眠る資源をめぐる地政学的な論争が勃発している。各国は、新しいテクノロジーによってこの地域から産出する可能性のあるガス、石油、鉱物によって得られる収益を試算している。二〇〇七年、ロシアの海洋科学者たちは四〇〇〇メートル以上潜水し、新シベリア諸島とカナダ北極群島のあいだに位置するロモノソフ海嶺にチタン製の旗を立て、「北極圏はロシア領である」と主張した。その後、ダラム大学を拠点とする国際境界研究所(IBRU)は、「北極マップ」シリーズの第一弾を発表した。これは、国連の海洋問題・海洋法務部の「大陸棚限界委員会」(CLCS)の依頼で作成されたもので、六カ国(カナダ、デンマーク、アイスランド、ノルウェー、ロシア、米国)の北極圏における相反する主張に対処するためのものである。これらの主張や論争を解決するため、地図はこれら六カ国に河川、海、経済水域を画定し、割り当てている。

メルカトル図法の世界地図では事実上、マッピング不可能とみなされ、人類史の大半は氷のために通行不可能であったこの地域が、いまや政治的な争奪戦の場となっているのは、北にまつわる数多のパラドックスのひとつである。地球環境の変化がこの地域の陸と水路を変容させるにつれ、北極圏を横断し通過する北西と北東の海上航路を確立するという積年の夢が、劇的な現実となるかもしれない。世界各国は、これまでアクセス不可能だったこの地域の石油、ガス、鉱物などの資源の所有権を主張し採掘しようとする、政治的な「コールドラッシュ」に突入しているが。これに対して活動家や作家たちは、これらの資源を強引に取り出そうとすればそれが引き金となって取り返しのつかない事態になると繰り返し警告している。アトウッドの言葉も険しい。「地球は木と同じように、上から下へと枯れていく。北を殺そうとしているものは、放っておけばやがて他のすべてをも殺すだろう」[56]。

北の未来は今、その地勢だけでなく、気候変動によって、数年後には現在北として理解されているものが存在しなくなるかもしれないという、きわめて現実的な可能性にも焦点が当てられている。海氷科学者のピーター・ワダムズは、その著書『北極がなくなる日』のなかで、「北極圏の死のスパイラル」なるものを示すデータに照らすと「夏の北極圏の海氷の寿命はもう長くない」[57]のは明らかであることを、恐ろしいほど詳細に解説している。北極海の氷が消滅するということは、現在ノーザン・シー・ルート（NSR）として知られるロシア北の北東航路が、まもなくつねに氷のない航路となることを意味し、そうなれば海運や鉱物資源探査が盛んになって、地球温暖化はますます加速する。そして遠からず夏の間の北極圏に氷がなくなり、アルベド効果に深刻な影響をもたらす。夏の海氷は、入ってくる放射線の五〇％を宇宙空間に反射させているのだが、海氷がなくなると、アルベド効果による反射が減少することによって北極圏と地球全体がさらに温暖化する。その結果は壊滅的だ。ワダムズはこう予測する。「氷に別れを告げるだけでなく、生命にも別れを告げることになるだろう」[58]。地球の磁気コアと表裏一体の関係にある北とその極域は、おもに「グローバル・ノース」の経済政策が駆り立てた人間の貪欲さと無知によって、今差し迫った消滅の危機に瀕している。

第4章　西

ライズ・アンド・フォール

西は、一日がおわり、太陽が沈み、夜が迫りくる場所、そして本書の物語が幕を閉じる場所である。対極にある東と同様、西もまた空間よりも時間の経過によってその姿が明らかにされるが、軌跡はまったく異なる。西の日没は、太陽の軌道になぞらえた人生の旅のおわりという時間の終結を象徴し、夜の恐怖、暗闇、死を予感させる。時の物語は東からはじまり、西でおわりを告げる。日本語では「西」は去ったという意味の「去《い》にし」を語源とする。[1] その結果、近代以前のどの社会においても、西は祈りのための神聖な方角として崇《あが》められたことがなかった。とはいえ、西のおわりははじまりでもある。初期のユーラシア社会の多くにとって、西は再生に関連する方角でもあり、至福と安楽の神話の地、死後の世界や楽園の在処《ありか》となっていた。アトランティス、幸運（フォーチュネイト）島（または祝福〔ブレスト〕島）、エリュシオン、ヘスペリデス、ハイ・ブラジル、アヴァロン、聖ブレンダン島——これらは、西のどこかにあると信じられていた場所（おもに島々）のほんの一部にすぎない。こうした島々は、J・R・R・トールキンがその三部作『ロード・オブ・ザ・リング』を著す際にもインスピレーションを与えた。フロドと仲間たちは、救済と超越の場所である神秘的な「不死の地」を求めて西へと旅をする（つねに東や南と関連づけられる冥王サウロンとは逆方向である）。他のすべての方位と同じように、時と場所によって西は正反対の意味を持つ。死と再生、おわりと新たなはじまり。さらには解放、自由、繁栄、無法、孤独、消費主義などの相反する価値観を表すこともある。

西洋の驚くほど流動的で変幻自在な性質は、現代の世界地図を見れば一目瞭然だ。「西」と呼ばれる地理的にまとまった場所は存在しない。他のすべての主要方位のように、普遍的に受け入れられている場所としては存在しないのだ。だとすれば「西」はいかにしてこのように決定的な政治的アイデンティティを獲得し、勝利したのだろうか？　それとも、二十世紀初頭の文化哲学者オスヴァルト・シュペングラー（一八八〇～一九三六）が考えたように、どうしようもなく没落しているのだろうか？　その言葉は今やあまりにも普及していて、一九八五年、歴史学者J・M・ロバーツが『西欧の勝利』と題する本を出版するほどになった。そのなかで彼は、「西洋文明の物語は今や人類の物語であり、その影響力は拡散し、かつての競争相手や対句はもはや意味をなさなくなった[2]」と主張した。ロバーツが論じた目的論的推定は、その後、疑問視され修正されたが、具体的現実としての「西」という概念は、「西洋人」として西洋のなかで生活し西洋を支持しようと、西洋の外で生活し西洋を批判しようと、世界的な想像において揺るぎなく定着している。

西洋のパラドックスは、多くの社会でそれが死と忘却を表すと同時に、復活と新たな地平の可能性をも表していることだ。その結果、宗教的な嘆願やとりなしの祈りの方向にはけっしてならない。多くの言語でははっきりと否定的な意味合いを持つ。古代マヤ文化では、西「チキン」は黒と関連しており、家が西向きになることはほとんどなかった。中央アメリカで、これは午後の暑さを避けるための実用的対策だったとも考えられるが、死と黒の場所としての西に背を向けることの象徴でもあった[3]。東アフリカの社会でも同じような連想がなされていた。ケニアのトゥゲン族は西の方角を「チェロンゴ」と呼ぶが、この言葉もまた死、闇、不妊を思い起こさせ、生命、光、豊穣と密接な関係がある東の方角「コン・アシス」とは対照的である。[4]

しかし輪廻転生《りんねてんしょう》の信仰の出現によって、他の多くの文化では、西に新しいはじまりの可能性、さらには新しい世界の可能性を見出すようになった。この明らかな矛盾が現れた最も古い例のひとつは、古代エジプトの信仰に見られるものだろう。西（イムント、「右」の意）は、死と再生、両方の領域であり、アセト（またはイシス「偉大なる母」）とアメンテト（死の女神）の役割に表されていた。直訳すると「西の女神」であるアメンテトは、リビア（エジプトの西）に起源を持つと信じられていた。彼女の名はナイル西岸と死者の世界と同義語だった。アセトは冥界の女神として死者（しばしば「西の人」と呼ばれる）が死後の世界に到達するのを助け、兄であり夫であるオシリスが死者を裁くときに立ち会った。アセトはまた、しばしばアメンテトとして表され、その頭飾りには、通常ダチョウの羽として描かれる「西方の紋章」というヒエログリフが含まれていた。アセトとアメンテトの西との関連は、その逆説的な意味合いを示している。西へと赴く避けられない死への霊的な旅路の先に、再生と新たな生命の希望が浮かび上がってくるのである。[5]

古代ギリシャの思想家や作家たちは、人生と世界のおわりにある神聖な西方というエジプトの概念を取り入れつつ、そこを至福と安らぎに満ちたよりのどかな場所として想像した。ヨーロッパとアフリカの西に独立した大陸があることを地理的に理解していなかった彼らは、大西洋のどこかに浮かぶさまざまな島々を思い描き、そこに創造者の希望と恐怖を住まわせた。最古のギリシャ語文献では、この島をエリュシオンと呼んでいた。エリュシオンはギリシャ語で「喜び」と「純粋」を意味し、祝福された英雄の死後の住まいとなる。ホメロスの『オデュッセイア』では、「世界の果て」にあるエリュシオンの「平原」または「野原」と表現されている。ここでは「雪もなく、寒風も吹かず、土砂降りも降らぬ」、「生活は不死の安楽さのなかで穏やかに過ぎていく」。オケアノスが「そよ風を送り」、「西の涼風が全人類を爽やかにする」場所である。[6] オケアノスはギリシャ神話のティタン（タイタン）を表し、ガイア（大地の擬人化）とウラノス（天空の擬人化）の息子である。オケアノスはまた、ギリシャ人が地球の陸地を取り囲んでいると信じていた大洋の象徴でもある。

ヘシオドス（紀元前七〇〇頃）は、『神統記』と『仕事と日々』において、この考えをより地理的に明確なものにした。ホメロスのように、彼はこの西方世界を神々の寵愛《ちょうあい》を受けた者たちのための場所にあてていたが、ヘシオドスもまたそれを島へと変容させた。『仕事と日々』のなかで彼は、ゼウスがトロイア戦争の生き残りに「人間とは別の生活と故郷を与え、地の果てに定住させせた」と書いている。「これらの者たちは、深く渦巻くオケアノスの片隅にある祝福された者たちの島々に、憂いのない心で住んでいる」。[7] これらの「祝福された」島々（あるいは「幸運な」島々と呼ばれる）はまた、ヘスペリデスたちの故郷でもあった。ヘスペリデスとは、エレボスと夜の女神の子孫として、またいくつかの資料ではアトラスの娘たちとしてさまざまに記述されている「西の娘たち」（あるいは「夜の娘たち」）である。ヘシオドスの『神統記』では、ヘスペリデスは「有名なオケアノスの彼方にある美しい黄金の林檎《りんご》」の守護者であり、この林檎はガイアからゼウスの妻ヘラへの結婚祝いの贈り物であった。[8]

ヘラクレスに課せられた一二の功業のうち一一番目は、西の果てでヘスペリデスが守っている黄金の林檎を盗むことだった。そこでヘラクレスは、神々に反抗したのち、永遠に天を支えることを宣告されたティタン族の巨人アトラスを見つける。ヘラクレスはアトラスをそそのかしてヘスペリデスから林檎を奪わせ、そのあいだにヘラクレスはアトラスのために天を支える。その後、ヘラクレスは天を支える罰から逃れようとするティタンを欺《あざむ》いてふたたび重荷を背負わせ、まんまと林檎を持って逃げおおせた。その一二の功業を成し遂げる途中、われらが英雄はいわゆる「ヘラクレスの柱」を作り上げた。これは、古代ギリシャの地理学では最西端を示すジブラルタル海峡に突き出た岬と「柱」のような山々のことである。その西には、アトラスにちなんで名づけられた大西洋（アトランティック）とモロッコの山々が広がっている。

この海のどこかにアトランティスという島があると、プラトンは『ティマイオス』と『クリティアス』に記した。彼はそれを「リビア（またはアフリカ）とアジアを合わせたよりも大きな島」であり、地震によって突然破壊されたと記述している。何世紀にもわたって、この「失われた」島の虜《とりこ》になった多くの人々が、執拗にその地を追い求めてきたが、彼らはプラトンの主張の大事なところを見落としている。彼にとってアトランティスは、アテネや理想の政治国家についての議論とは対照的な、孤立した寓話である。アトランティスの正確な地理的位置を求めるのは怪物キマイラを探すようなものだが、アトランティスを西に位置づけようという発想はそうではない。陸地を移動することと、海に出て水平線の彼方に航海することのあいだには大きな違いがある。後者は、漠然とした恐怖と心細さをより強く刺激する。ギリシャ人はペルシャの地を東に進み、インドまで旅をすることが可能で、実際にそうしていた。しかし、西へ進むことはヘラクレスの柱の境界線によって制限され、何もない神秘的で未知なる海、広大な「暗黒の海」大西洋に行き当たるのだ。エリュシオンと同様、アトランティスは古代ギリシャの既知の体験の限界を超えたところ、神話と現実が混ざり合う場所に存在していた。どちらも死後の安息の理想的な空間であり、一見現実のようでありながら明らかに夢物語で、この世のものでありつつもこの世を超えたものだった。

五世紀のゲール人の民間伝承には、アイルランド西海岸の沖合に浮かぶ「ウイ・ブラセイル」または「ハイ・ブラジル」（古アイルランド語の「美」と「強大な」から）と呼ばれる、また別の種類の永遠の至福の島が描かれている。[9] その島は霧に覆われ、七年に一日しか見えないと言われていた。このような場所やその発見について描写する伝統は、ケルト文化とキリスト教文化の融合から生まれ、アイルランドの航海冒険という特殊なジャンルを生み出した。そのジャンルは「イムラマ」と呼ばれ、これは直訳すると「漕《こ》ぎ回る」の意である。このような場所に関する最も有名な物語のひとつは、アイルランドの修道士であったクロンファートの聖人ブレンダン（四八四～五七七頃）の伝説的な西大西洋への航海として描かれたものである。十世紀後半の写本には『聖ブレンダンの航海』と題され、楽園を求めてアイルランドの西を目指した彼の旅が描かれている。ブレンダンの海の巡礼は、これらの写本の多くに描かれ、彼はそのなかで「神が聖人のための約束の地と呼び、神が終末のときにわれわれのあとから来る者たちに与える島を目指し、西に向かって」[10] 航海する。この島は、祝福（ブレスト）島（または幸運〔フォーチュネイト〕島)、ハイ・ブラジル、そして当然のことながら聖ブレンダン島が一緒になったものである。ブレンダンの航海記はしばしば幻想的で、救済を求めて地獄やユダやさまざまな悪魔と遭遇し、古典的な祝福された島という概念をキリスト教の救いの物語に流用したものだ。西の方角は、他の三方位のような地形的前提や歴史的関連性の多くを欠いていたため、このような離れ業が可能になったのだろう。西には磁極もなければ、数々の起源の物語のはじまりの場所でもなかった。そのようなしがらみから解放されたこの地は、地理的な場所というよりも、想像の世界への入り口になった。

アイルランド人にとっても、ギリシャ人同様、西は死後の時間を想像する自由を与えてくれた。ローマ人は、ギリシャ人から祝福された島々の思想を受け継ぎつつも、西の概念についてはより帝国的、地政学的なアプローチをとった。ローマの詩人ウェルギリウスは『アエネーイス』(紀元前二九〜前一九年)のなかで、ローマの建国を、地中海を西方へ移動していくものとして想像した。トロイアの戦士アイネイアスはトロイアの滅亡から逃れ、彼の帝国の存続とローマ帝国の誕生を求めてイタリア半島まで西に航海した。これはつまり、帝国の「西方化」とも言うべきものだ。ローマ人にとって、西への旅は帝国の拡大と発展の新たな可能性を意味した。この図式は中世になると「トランスラティオ・インペリ」、すなわち「支配の移転」として知られるようになり、そこではある帝国から別の帝国へと支配が移される。ペルシャからギリシャへ、そしてローマを経て「西方」キリスト教圏へと、西への不可避的な(止めることのできない)移動とみなされることが多いこの「支配の移転」は、プランテーション、つまりヨーロッパの人々とその思想の種を「植える」ことによって植民地を確立するという考え方の中心をなしていた。
　歴史家プルタルコスは「エリュシオンの平原」を、紛れもなく実在し耕す価値のある島々と表現した。その土壌は「豊かで、耕し、植えるのに適し（中略）住人を養うのに充分で、彼らはなんの苦労もせず、たいした労働もせずにあらゆるものを楽しむことができる」[11]という。西は新世界、すなわち彼らの領土への入り口であるというローマ帝国の考え方は、将来の発見にまつわる印象的な予言ももたらした。セネカの『メデイア』（五〇年頃）では、コーラス隊がこう歌い上げる。

　すべての境界は取り払われ、都市は新たな土地に城壁を築き、今や自由に行き来できるようになった世界は、かつてそれがあった場所には何も残さない。（中略）大洋が物事の縛りを解き放ち、広い陸地全体が姿を現し、テテュス（巨人〔ティタン〕族の女神でオケアノスの妻）が新世界を示し、テューレが地の果てではなくなる時代が、はるか遠い彼方にやってくるであろう。[12]

　ある意味ではセネカは、ヨーロッパの西の「新世界」の発見を予知していたのかもしれない。一四九二年にコロンブスがアメリカ大陸に上陸するや、ルネサンス期の学者たちのなかには、それをセネカの台詞《せりふ》の成就であり、西方への「支配の移転（トランスラティオ・インペリ）」による必然であると考える者もいた。しかし、セネカの描写には、文化的境界が破られ、固定した場所の感覚が失われるという悲観論も含まれている。それはある面では、非常に特殊な歴史的背景、すなわち皇帝ネロ（三七～六八）

のもとでの帝政ローマの抑圧的で不安定な政治世界によって生み出されたものである。これは、希望を与えると同時に、時の経過による喪失への不安をもたらすという、西がつねに抱えつづける曖昧さを示すもうひとつの例である。

キリスト教は、古典的な多神教の信仰に背を向けるなかで、「エリュシオン」や他のギリシャ・ローマ的な死後の世界の場所としての西に、明確に異議を唱えるような姿勢を打ち出した。代わりに、これと明らかな対照をなすかのようにエデンの園は東に置かれた。ユダヤ教の伝統にもとづく基本的な方角に対する考えも、西側に否定的な側面を与えた。ヘブライ語では、「西」と「後ろ」は、「東」と「前」とは対照的である。キリスト教ラテン語の伝統のなかで、このような否定的な連想はさらに強まった。セビリヤのイシドルスは、「西は日を沈ませ、光を隠して闇をもたらしこの世を滅びさせることから名づけられた[13]」と説明した。

西は場所というよりむしろ入り口であるという考え方に沿って、キリスト教の作家たちは、西の地理と神の摂理について、時間と空間を統一する考えを発展させた。十二世紀の神学者、サン・ヴィクトルのフーゴーが描いた方舟《はこぶね》としての地球のヴィジョンには、世のおわりと復活は西からやってくるという終末論的な考えも含まれていた。「時が終末に向かって進むにつれて、出来事の中心は西に移っていったのである。つまり、物事が空間における世界の極限に到達しつつあるとき、それによりわれわれは世界が終わりに近づいているのだと知ることができる[14]」。死後の世界の場所が地上世界から取り除かれれば、キリスト教は審判の日、キリストの再臨、メシア時代を予期するものとして、西方発見のアイデアを再活用することができた。このような破壊と再生の同時進行という考えは、その後の西方に関する宗教的・世俗的理解のほとんどに影響を与えた。

西へのアプローチ

コロンブスが、東方へ向かう途中で西方の独立した大陸に出会ったことを認めなかったのは有名な話である。しかし、一四九二年のアメリカ大陸への最初の航海は、キリスト教ヨーロッパにおける西方理論の変革のはじまりであり、西を頂点とする数少ない世界地図のひとつを生み出すきっかけとなった。一五〇〇年、コロンブスの水先案内人兼航海士長であったスペイン人のファン・デ・ラ・コーサは、コロンブスの上陸を示す最古の世界地図を描いた。それは二つの世界のあいだに挟まれたもので、東と西の両方を見ている。海図としては、ポルトラーノの伝統を受け継ぎ、三二ポイントのコンパス・ローズと航程線（ラム・ライン）で覆われている。しかし、それはまた、豊かな装飾とアジアやアフリカの幻想的な王国が描かれた、だいぶ前の時代のマッパ・ムンディのようにも見える。海図は二枚の上質皮紙《ヴェラム》（子牛の皮）を縫い合わせて作られており、一方はアフリカとアジアを、もう一方は西ヨーロッパ、大西洋、その端に現れたアメリカ大陸の「新世界」をカバーしている。両部のスケールの違いが、コロンブスの航海が与えた影響の大きさを物語っている。キューバを包む湾曲した緑の陸地は、ヨーロッパ、アフリカ、アジアよりもはるかに大きなスケールで描かれている。西に新世界が出現したのだ。それにしても、この地図はどちらが上なのだろう？

伝統的にはデ・ラ・コーサの地図は、北を上に、西を左にして複製される。しかし、ヴェラムの形と地名からすると、実際には西が上になるはずである。通常、子牛の肩と首の輪郭は、ヘレフォード大聖堂のマッパ・ムンディのように、地図の上部に来る。アフリカ、アジア、そして「大洋の海（オケアヌム）」と書かれた大西洋を含む、ほとんどの凡例《はんれい》を正しく読むには、海図を西向きにしなければならない。そうすると、最上部の画像はさらに説得力を増す。キューバの上、つまり西の端には、幼子イエスを抱いて川を渡る聖人クリストフォロスの姿が描かれている。この像とコロンブスとの関連は誰の目にも明らかだ。コロンブスがその名を賜った旅人の守護聖人クリストフォロスのように、コロンブスは海を渡り、キリストの言葉を新しい土地やその住人たちに広めている。聖クリストフォロスの位置が曖昧であるため、海図を見る人は、コロンブスが西の新しい陸地に到達したのか、それとも東を目指してなおも西に向かっているのか、自由に想像することができる。海図の宗教的な側面は、大西洋の中央にある最大のコンパス・ローズにあらためて示されている。その中心には聖家族が描かれている。方向と方角は、旧世界から新世界の入り口へと西向きに進む歴史に対して、神の意志にもとづいたキリスト教がどのような見方をしているかによって決定されるということなのだろう。

ヨーロッパ人がアメリカ大陸の先住民社会と出会ったことで、富と救済と再生という運命を実現することができるのは西しかないという信仰はさらに強まった。十六世紀半ばから、スペイン人は「エル・ドラード」の存在を確信するようになった。「エル・ドラード」とは、西方、南米奥地のどこかにあると信じられていた黄金の都市、帝国または支配者のことである。一五九五年、エル・ドラードを探し求めるウォルター・ローリー卿は二度にわたる不運な遠征のうち、最初の旅に赴いた。彼は伝説の都市を見つけることはできなかったが、それでも西の地平線の彼方にあると信じていた。スペイン人やローリーが遭遇した地域社会の人々の宇宙観は、復活と再生の場所としての西の力を裏づけているようだった。ボリビアのグアラヨ族はイエズス会士に、「埋葬後すぐ、魂は西のタモイの地へと長く険しい旅をはじめ」、そこで魂は浄化され、新たな生命が与えられるのだと告げた。[15] ボリビアの別の部族であるユラカレ族は、自分たちの創造主であるティリが世界の果てで隠居することに決めた経緯をヨーロッパ人に語った。「その場所を知るために、彼は地平線の四方に鳥を送った。鳥は四度目の旅で西へ行き、美しい羽の姿で戻ってきた。ティリは西に行き、そこで老齢になると若返る人々とともに、暮らすようになった」。[16]

西と東の出会い

最初にスペインが、次にイギリスが西に視線を向けたように、明《みん》の時代の中国でも同じようなことが起こっていた。しかし地理的な条件から、中国人が未知なるものへ目を向けようとすると、それは異なる方向にならざるをえなかった。広大なユーラシア大陸の西の端ではなく、東の端に位置する中国人もまた、海岸から大海原を見やっては、魔法の島や不滅の生命の存在を夢見ていた。違っていたのは、彼らが大洋の不思議を求める方向は、東だったということだけだ。それとは対照的に、危険は西と北からもたらされた。フン族、トルコ人、チベット人、モンゴル人、ウイグル人、さらにはユーラシアの草原というしばしば過酷な環境に住む他のすべての遊牧民社会がそれに該当した。

より大きな国際状況のなかでは、中国の西に位置する他のすべてのものは「西域《さいいき》」として知られていた。そこにはインドも含まれ、中国人はそれを天竺《てんじく》（「ヒンドゥー」の意）と呼んでおり、最初の一文字にはこの地にふさわしい「天」という文字が使われていた。なにしろそこは、天の霊力の最大の化身である釈迦牟尼《しゃかむに》仏が生まれたと言われている場所なのだ。天竺はまた、そこからインド最大の仏教布教団が中国にやってきた土地でもある。皇帝たちがそれを目指して帆を上げたいと夢見たであろう不老不死の島は東の大海にあったが、天界はヒマラヤを越えた西にあり、そこを統《す》べる西王母《せいおうぼ》が、仏教徒の魂を迎え入れていた。道教の言い伝えによれば、西はまた、その精神の始祖である老子が、生涯の最後に向かった方角でもある。

ヨーロッパのイエズス会宣教師たちが十六世紀後半に初めて中国に到着しはじめたとき、彼らは仏教の領域としての西という考えを最大限に利用しようとし、明の高官に対して、自分たちも同じように西から来たのだとアピールした（無論、実際彼らはそうだった）。しかし中国人はキリスト教が単に仏教の一派であると思い込んだため、この戦略はすぐに面倒を引き起こした。イエズス会士たちは、身分を間違われたおかげでやすやすと門をくぐったものの、なぜキリスト教が仏教ではないのか、なぜイエスは仏陀ではないのかを説明しなければならないという窮地に陥った。中国へのイエズス会宣教師団長だったマテオ・リッチ（一五五二～一六一〇）は、自分たちの起源という基本的事実を放棄することなく、中国人の西に対する概念を再構築しようと試みた。彼が編み出した解決策は、西方には二つのバージョンがあるのだと説明することだった。「小西《しょうさい》」にはインドとインド洋が含まれ、仏教徒はそこからやってきた。さらに西には「大西《だいさい》」があって、そこがイエスの住んでいた土地であり、自分たちイエズス会もそこから来たのだ、と。

彼自身の主張と、中国とより広い世界との空間的な関係を説明するため、リッチは一六〇二年、この時代の最も偉大な地図のひとつである『坤輿《こんよ》万国全図』を作成した。西半球と東半球の双半球を描くという点ではヨーロッパの地図の形式を踏襲しつつ、中国での用途に合わせたものである。リッチの地図は、ヨーロッパと中国の両方の考え方に沿って北を頂点とし、大西洋ではなく太平洋を中心に据えている。中国のすぐ左にはインドを含む「小西」があり、そのさらに左にはキリスト教ヨーロッパを含む「大西」があった。[17]

西はリッチのアイデンティティ構築にとっても非常に重要なものとなり、彼は中国語で「太西《たいせい》」すなわち「大西の紳士」というニックネームを使った。そしてあるときは「ヨーロッパ人」、またあるときは「大西の国から来た男」と名乗った。ほとんどの中国人にとってヨーロッパは何の意味もなさないので、彼らに理解されやすい後者の呼び方のほうが好ましかった。リッチには「東洋と西洋の両方に共通する原則がある」という信念があり、これは中国人がキリスト教に改宗するにあたって、それを妨げる根本的な文化的、道徳的障壁に対処する必要はないということを意味していた。西洋が提供するものへの道は開かれていた。ヨーロッパに旅行した中国人はまだいなかったので、リッチは中国の友人たちに――あくまでもキリスト教的にではあるが――よりよい人生への希望を実現できる約束の地として、西洋を紹介したのである。[18]

新しいエデンの時代

マテオ・リッチがイエズス会の使節として中国に道を開こうとしていた頃、地球の反対側では、イギリスのプロテスタント団体が、彼らの神学的運命の成就を西に求めはじめていた。一五八四年、正式な司祭として叙任されテューダー朝とステュアート朝のアメリカ大陸植民地化を政治的に支持していたリチャード・ハクルートは、『西部プランテーション論』を発表し、現在のヴァージニアに植民地プランテーションを設立することで、エリザベス朝国家とその個人投資家に利益がもたらされると説いた。

ハクルートは、イングランドのプロテスタントの神と商人のため西部を獲得しようとした。「神の良き導きと慈悲深い指示によって、幸運にも、最近のこの西部の発見は達成された」と彼は書いている。「キリストの王国の発展を求めることに次ぐ、第二の主要な目的は交通である」[19]。

ハクルートの信奉者であり弟子でもあったサミュエル・パーチャスは、一六二五年に出版された、ハクルートの著作を引き継いだイギリス旅行記集『ハクリュイタス・ポストフムス、あるいはパーチャスの巡礼記』のなかで、ステュアート王朝が新大陸に植民地を建設しようとしていることをさらに讃えた。パーチャスの本は、英国国教会の世界観を正当化するものであると同時に、英国人の海外旅行記でもあった。その二者は互いを強化するもので、パーチャスとしては、イギリス国家は西方へ旅して摂理にかなったメッセージを伝えることで、その宗教的運命を全うすることができると考えた。彼は旧約聖書の預言（マラキ書四章二節）の言葉を借りてこう表現している。「こうして神は、世界の日没と夕暮れ時に、義の太陽が西から昇って東を照らし、その明るさで両半球を満たすよう、あらゆる場所に航海することによって機会を与えたもうた」[20]。この明るさは楽園を照らすのではなく、黙示録と審判の日を預言するものだった。

　パーチャスの論理は、サン・ヴィクトルのフーゴーのような西方に関する中世以前の信仰に根差しつつ、それにプロテスタントの帝国主義的なひねりを加えたものだった。世界が東の日の出とともにはじまったように、世界は西の日没とともにおわりを告げ、それはすべての世俗的な帝国の終焉と地上の新天地の創造を意味する。パーチャスにとって、神学、帝国、神の審判はすべて西方で出会い、プロテスタント版「支配の移転（トランスラティオ・インペリ）」として、アメリカの「新世界」の可能性が開けることになっていた。

　運命の感覚を背負わされ、ニューイングランドに渡った初期のイギリス人入植者たちにとって、西はもはや入り口ではなく場所となっていた。マサチューセッツの裁判官、印刷工、千年王国信者《ミレナリアン》のサミュエル・スーワル（一六五二～一七三〇）は、セイラムの魔女裁判で判事を務めたことで知られるが、彼は「東のはじまりであり、西のおわりである」ことから、アメリカは新しいキリスト教世界の創造に最も適していると確信していた[21]。この二つの方位のように、世界はついに一周し、新たなエデンの時代がやってきたのだ。イギリスの詩人であり司祭であったジョージ・ハーバート（一五九三～一六三三）は、その詩『戦う教会』（一六三三年）のなかで、アメリカに向かって「巡礼者のように西に頭《こうべ》を垂れる宗教」をすでに想像していた。これは神の運命の成就において太陽の方向に引き寄せられるという向日性《こうじつ》〔太陽崇拝〕のイメージだった。

しかし、太陽が依然として西にも東にも向かうように
教会もまた西に向かうことにより
なおも東に向かう、なぜならそれによって近づけるのだから
審判が行われる、時にも場所にも[22]

このようなイメージはすぐに大西洋を渡り、アメリカの宗教再生運動家の神学者ジョナサン・エドワーズ（一七〇三〜五八）によって取り上げられた。エドワーズは、西方再臨は宇宙論さえも一変させると信じていた。「新しい天と地の太陽である義の太陽が昇るとき……（中略）……太陽は西から昇るであろう。この世の流れ、すなわち古い天と地における物事の流れに反して[23]」

こうした宗教と帝国の西方への移転に関して、最も有力な提唱者だったのは、アイルランドの哲学者であり英国国教会の主教であったジョージ・バークリー（一六八五〜一七五三）である。ヨーロッパ文化が堕落し、疲弊していると確信したバークリーは、バミューダに大学を設立することを提案し、一七二五年から二八年にかけて三年間、現地に滞在したが、結局は資金不足のために計画を断念した。一七二六年、彼は『アメリカに芸術と学問を根づかせる見通しに寄せた詩』を書いた。これはヨーロッパの

衰退を描写する「アメリカ、あるいはミューズの避難所または予言」と題された一節ではじまり、それはアメリカでの帝国の可能性とは明らかな対照をなすものだった。

帝国の道は西へとつづく
最初の四幕はすでに過ぎ去り、
五番目の幕はその日のうちに芝居をおえるだろう
時の最も高貴な子孫は、最後に現れる

バークリーは、千年王国説と地動説を結びつけ、アメリカの運命を決めるのは楽園ではなく帝国であると予言した。世界史の一日が日の出から西へと進み、第五幕の日没というおわりに近づく。かくして帝国の終局は、西で演じられることになる。[24]

ワイルド・ウエスト

バークリーの心情は、独立後のアメリカの「明白な天命（マニフェスト・デスティニー）」の雛形《ひながた》の一部となった。これはつまり、その際に障壁となる先住民社会を犠牲にしてでも、アメリカ入植者は太平洋沿岸への拡大と入植の政策を追求することに神聖な権利があるという信念である。西部の「賞品」としての魅力が高まり、土地の強奪や投機があまりにも盛んに行われるようになったため、ジョージ三世は一七六三年、西方へ向けて先住民領土へさらに侵入していくことを禁止する布告を出した。布告では「西および北西から大西洋に注ぐ河川の水源または源流を越えた土地」という表現で西が定義されていた。それらの土地は「前述のインディアンに留保される」[25]と国王は宣言したのだ。入植者たちはこれに納得しなかった。西部への入植が禁止されたことで、アメリカ独立戦争につながる最初の不満の波が押し寄せた。西部はアメリカ人のものなのだから、何としてでも手に入れるのだ、と。西への拡大を求める欲望は高まるばかりで、一〇〇年後にはその頂点に達した。

一八六一年、ドイツ系アメリカ人画家エマヌエル・ロイツェ（一八一六～六八）は、首都ワシントンDCの国会議事堂にある下院の西階段を、六メートル×九メートルの壁画で飾るよう依頼された。バークリーの詩をもとに描かれた『帝国の道は西へつづく』には、たった一人の黒人を含む開拓者たちが列をなし、山岳地帯を越えて西へ西へと突き進んでいく様子が描かれている。

絵の中央にある岩山の頂上には、帽子を振る冒険好きがいる。彼はオレゴンとカリフォルニアという約束された西部の土地に到達することを期待し、早くも米国旗を掲げる準備をしている。何人かの人物は、西にあるアメリカの「マニフェスト・デスティニー」を指さしている。これは彼らが東に残してきた暗い氷の大地とは対照的だ。壁画の下部にある小画面《プレデッラ》は、入植者たちの最終目的地である最西端、すなわちサンフランシスコ湾と太平洋を結ぶゴールデンゲート海峡を示している。[26]

ロイツェの壁画は、東西軸に沿って右から左へと移動する壮大な象徴的地図であり、入植者たちの旅は「支配の移転（トランスラティオ・インペリ）」を模倣するものだ。ロイツェがこの壁画のデザインノートで「大西部の壮大かつ平和的な征服[27]」と呼んだものを追い求める彼らの表情と運命は、夕日の黄金の光に照らされている。ロイツェは、この壁画を構想するにあたって、世界史は西向きに進むというヘーゲルの考えに影響を受けた。ヘーゲルによれば、アメリカは「未来の土地であり、われわれの前に横たわる時代において、世界史の要旨がその姿を現す場所[28]」だった。アメリカは、ヨーロッパで歴史が終焉するというヘーゲルの考えの例外となったが、それはその軌跡が歴史研究を超えた未来にあったからである。[29]その後のアメリカ国民の視覚的、文学的想像力の多くは、この「西部征服の至上命令」によって動かされた。その一方で、開拓と入植によって壊滅させられた先住民社会や、多くの功績の根底にあった奴隷制の歴史に触れるものについては、一切排除しようとした。もっともロイツェは、一八六二年九月にエイブラハム・リンカーンが「奴隷解放宣言予告版」を発表したのを受け、壁画の最終段階で黒人の姿を追加したようだ。

一八六〇年代は、ロイツェの壁画から、有名なスローガン「西部に行け、若者よ」まで、「マニフェスト・デスティニー」のアメリカン・ドリームが最高潮に達した時期だった。このフレーズの起源は、新聞編集者であり一時期政治家でもあったホレス・グリーリー（一八一一〜七二）が一八六五年に書いた記事とされている。[30]グリーリーは西部の土地への入植と植民地化を熱烈に支持し、アメリカ西部の農地開拓によって、アメリカ東海岸の都市が直面する都市問題の多くを解決できると信じていた。アメリカの歴史家フレデリック・ジャクソン・ターナーにとって、この西部への移動は、アメリカ合衆国の性格とその「フロンティア」精神の中心をなすものであった。ターナーは、絶大な影響力を持つエッセイ

『アメリカ史におけるフロンティアの意義』（一八九三年）のなかで、フロンティアを「野蛮と文明が出会う場所」と呼んだ。彼はアメリカ「文明」の美点を讃え、以下のように述べた。

社会的発展は、フロンティアにおいて、そのはじまりが何度も繰り返されてきた。途絶えることのないこの再生、アメリカ生活のこの流動性、新たな機会が開ける西へのこの拡大、それによる原始社会の素朴さとの絶え間ない接触が、アメリカの性格を最も強く特徴づける力を与えている。この国の歴史における真の視点は、大西洋岸ではなく、偉大なる西部に向けたものなのである。[31]

必ずしも誰もがアメリカの西部開拓精神と「マニフェスト・デスティニー」のイデオロギーに賛同していたわけではなかった。一八五一年、詩人、エッセイスト、博物学者のヘンリー・デイヴィッド・ソロー（一八一七〜六二）は、『ウォーキング』（『自然』とも呼ばれる）と題する講演を行い、その内容は書籍として彼の死後一八六二年に初めて出版された。この講演が高く評価され、またその価値があることには、いくつか理由がある。それは、ヨーロッパの伝統から独立したアメリカの国民的アイデンティティの言語を見出し、「マニフェスト・デスティニー」の好戦的な美辞麗句を超越し、人類と自然との関係について新たな哲学を確立しようとする試みだった。ソローがこのエッセイで述べた有名な冒頭の一節にもその意図が表れている。「わたしは自然のために一言述べたいと思います。単なる社会秩序における自由や文化とは対照的な、完全なる自由と野性のために。人間を社会の一員としてではなく、自然の住人として、その重要な一部として見るために」[32]。ソローが示した進路の変更には、彼の志《こころざ》す方向転換についての考えがふんだんに盛り込まれている。それは、彼を西へと駆り立てる「自然の微《かす》かな磁力」なるものによって突き動かされた結果だった。そこで彼が見出したのは、ある集団が他の集団を力で圧する「マニフェスト・デスティニー」ではなく、自然に対する新しい理解である。「わたしが語る西部とは、野性の別名にすぎません。（中略）野生環境とはすなわち、この地球の保全なのです」[33]とソローは書いている。ソローにとって野性とは、アメリカの西部に見られるような独立した場所であり、それが尊重されることで、より開放的で包括的な人間性の時代が到来する可能性があると彼は考えた。[34]ソローの哲学は、「散歩のために家の外に出る」という単純な行為から生まれ、それは彼が内なるコンパスと象徴的に表現するものに導かれている。

わたしの針は定まるのが遅く、数度ほどの偏差があって、必ずしも正しく南西を示すわけではありません。それはそうなんですが、この偏差にもまたそれなりの根拠がある。それはきまって、必ず西と南南西のあいだに落ち着くのです。わたしの目には、未来はその方向にあり、そちら側の地球はさほど疲れていなくて豊かに見えるのです。

針は彼を東から遠ざける。「東へ向かうのは、やむをえないときだけですが、西へは自分から行きます。そちらに何か用事があるわけでもないのに。後ろに残してきた東の地平線の向こうに美しい風景や充分な自然や自由があるとは、わたしには到底思えません」。ソローは、東を「前」、西を「後ろ」と同義語とする伝統を逆手に取り、文字通りヨーロッパに背を向け、代わりに西を向いて歩いている。「わたしはヨーロッパではなくオレゴンに向かって歩かねばならない。この国は、そちら側に動いている。もっと言えば、人類は東から西へと進歩しているのです」[35]。

ソローはヨーロッパ人の西に対する古くから培ったイメージに想いを馳せ、熱弁を振るう。

夕日を目にするたび、太陽が沈む場所と同じくらい彼方の美しい西に行きたいという欲望に駆られるのです。（中略）アトランティス島、ヘスペリデスの島々や庭園は、一種の地上の楽園ですが、古代人にとっての神秘と詩情に包まれた「大西部」であったように思えます。夕焼け空を眺めながら、ヘスペリデスの庭園やそうした神話の舞台を夢見たことがない人がいるでしょうか。[36]

これらの「神話」を認めることで、ソローはまた、おわりを迎えるのではなく、むしろはじまったばかりの新しい国の物語を作りたかったのである。古典の旧世界と東方にあるヨーロッパから、新事業と富が待つ新世界への転換は、彼のなかなか気の利いた表現で示されている。「時代遅れのラテン語で言うなら、エクス・オリエンテ・ルクス、エクス・オシデンテ・フルクス、つまり東からは光、西からは実り」[37]。彼はさらに、ヨーロッパの古くからの西に対する認識とは対照的なアメリカの運命を描いていく。この描写は、その後のアメリカが自国の時間、地理、世界における位置を想像するときの基調となった。

歴史を認識し、芸術作品や文学作品を研究し、民族の足跡をたどるために、わたしたちは東へ向かう。そして進取の気概と冒険心をもって、未来に踏み出すとき、わたしたちは西へ向かう。大西洋はレテの流れ、忘却の川です。それを渡るとき、わたしたちは旧世界とその制度を忘れる機会を得たのです。もし今回成功しなかったとしても、三途の川《ステュクス》のほとりに達するまえに、人類にはもう一度チャンスが残されているでしょう。しかも今度のそれは太平洋のレテで、三倍もの幅があるのです。[38]

無限の再発明と機会をもたらす開拓のフロンティアを謳《うた》ったソローの詩的なヴィジョンは、「マニフェスト・デスティニー」を掲げる、より積極的なアメリカの入植者精神に対し、挑戦状を突きつけるものだった。その広大さはまた、のちの作家たちが西部についてまったく異なる想像をめぐらせることを可能にした。ジャーナリストで詩人のアーサー・チャップマン（一八七三〜一九三五）は、アメリカの地図上で西部はどこからはじまるのかというマスコミの議論に対し、「そこから西部がはじまる」（一九一七年）という詩で答えた。チャップマンの詩は、「カウボーイ詩」という新しいジャンルに含められる。アンソロジーやパロディが後を絶たないこの詩は、地理的な鮮明さから圧倒的に男臭い見解に至るまで、西部に対する標準的な考えを描いている。

そこでは握手が少し強い
そこでは微笑みが少し長い
それが西部のはじまる場所
そこでは太陽がさらに眩《まぶ》しい
降る雪は心持ち白い
家族の絆《きずな》がほんのちょっと固い
それが西部のはじまる場所

チャップマンの詩では、西部の空は他の方位のどこよりも青く、男たちはどこよりも誠実だ。この詩では、西部がどの州からはじまるかという地理的な論争に決着をつけようとはしていないにもかかわらず、そこは「世界が作られる」場所だと言いきっている。チャップマンの詩はソローのヴィジョンに共鳴するものだ。進取の気性に富むアメリカ人が西へ西へと移動していくという見方は、十九世紀半ばには不干渉主義だったはずのアメリカ外交政策が、二十世紀後半には地政学的に世界を支配する立場にまで発展することを予見していたのかもしれない。

西の落日

この時代はまた、英語圏において、世界の「西」という現代的な西洋の概念が正しく確立された時期でもある。[39] 古代から存在した西に関する強力でありながら矛盾した考えは、他のすべてに優先する近代政治の概念へと変化した。東を含む他のどの方位よりも、西は方角としての起源から切り離され、イデオロギーへと変貌したのだ。今日、「西」は、最初にヨーロッパで、次いで北米で生まれた文化や文明であり、アジアやアフリカの社会や宗教と対立するものとして、広く理解されている。

西洋が十九世紀に地政学的思想として台頭してきたとき、すでにヨーロッパや北米以外の国の作家や知識人たちは、自分たちの社会に欠けているものを説明するために「西」を利用していた。日本の著述家でジャーナリストの福沢諭吉（一八三四〜一九〇一）は、西洋化を支持する最も雄弁な人物の一人であり、明治時代（一八六八〜一九一二）の改革推進運動を担っていた。一八五〇年代からヨーロッパと北米を訪れた彼は、『西洋事情』（一八六六年）という熱のこもった論考を発表し、日本は西洋の原則にしたがって近代化しなければならないと主張した。福沢は、大きな影響を与えた著書『文明論之概略』（一八七五年）のなかで、日本の制度改革の出発点は「古習の惑溺《わくでき》を一掃して西洋に行わるる文明の精神を取るに在り」と主張した。[40]

福沢の立場からすれば、この「西洋」は日本のはるか西、ユーラシア大陸の遠く離れた西端に位置していた。しかし日本は、太平洋を隔てた東から、その存在がより力強く迫ってくるのを感じていた。たとえ西洋が東にあっても、西洋が地球の先進地帯であるという図式は日本人を納得させ、自らの極東という位置づけを受け入れたのである。福沢自身もその皮肉には気づいていたが、日本は（すぐ西に位置する）アジアの東から脱却し、西洋の地位に並ぶ候補であることを宣言する必要があった。彼は一八八五年の社説（『時事新報』）において、『脱亜論』という刺激的な題名でこの点を強調した。『脱亜論』は「アジアに別れを告げる」とも訳せるが、実際には「アジアは置いてゆく」という意味である。彼は日本が近代化し、アジアにおける西洋的異端児となることを求めた。彼はこう書いている。「我国は隣国の開明を待《まつ》てともに亜細亜を興《おこ》すの猶予《ゆうよ》あるべからず、むしろその伍《ご》を脱して西洋の文明国と進退をともに」[41]すべき。彼の論説は、日本が工業化、技術、軍事力を受け入れることで、少なくとも経済的には「西」の範囲に入れることを前面に打ち出している。

　トルコのナショナリストであり、近代「トルコ主義」の代弁者であったジヤ・ギョカルプ（一八七六～一九二四）もまた、日本と福沢からインスピレーションを得ていた。一九二二年のオスマン帝国崩壊前にトルコ共和主義を支持したギョカルプは、トルコの在り方を西洋的に発展させることを提唱した。オスマン帝国の古典的な国家は、ギョカルプが「極東の文明」と呼ぶものを手本としていた。帝国の崩壊と「国民国家としてのレベルへの移行」によって、トルコ人は「西洋文明を受け入れる決意を固めた」ように見えた。ギョカルプはトルコの民族主義について率直に批判し、「西洋の文明を受け入れなければならない。なぜなら、さもなくば西の列強の奴隷となるからだ」と主張した。ギョカルプが提唱した、西欧の価値観、トルコのナショナリズム、そしてイスラム教の融合は、今でも大きな影響力を持っている。彼はイスラム主義者のトルコ大統領レジェップ・タイップ・エルドアンに崇拝されており、エルドアンは一九九九年に、ギョカルプの過激な詩を朗読したために四カ月間、投獄されたこともある。トルコが権威主義と排外主義の傾向を強める一方の国家政策を正当化していると、多くの人の目に映っている今日、東洋の「オリエント」に背を向け、東洋と西洋の両方の伝統を取り入れた独自のトルコ・アイデンティティを約束したギョカルプの影響力は、高まる一方である。

福沢もギョカルプも、第一次世界大戦が勃発する前に世界中に広まった「西」を、もはやひとつの方角ではなく、見習うべき「文明」として理解していた。一九一七年のロシアにおけるボリシェヴィキ革命は、資本主義の領域としての西側と、それに対しマルクス・レーニン主義的アンチテーゼを唱えるソヴィエト・ロシアとのあいだに引いた境界線を、ひときわ絶対的なものとした。一九一七年の出来事〔ロシア革命〕は、当初はロシアの「西洋化」とはみなされなかった。代わりに、ヨーロッパの多くの地域では、白人の西側至上主義への脅威を示す「アジア的」革命とみなされ、この「東側」の政治的発展に対抗する自国の意識が強化された。一九二〇年代からのソ連のレトリックはさらに進んで、西側はあらゆる形態の社会的・経済的不平等の反革命的な場所であるとし、スターリンはソ連を「反西側」として明確に位置づけた。

これと同じ世代のうちに、「文明」としての西洋という考え方はすでに黄昏《たそがれ》に直面しており、それについてはドイツの歴史家オスヴァルト・シュペングラーが最も雄弁に語っている。シュペングラーは一九一八年から二二年にかけて、『西洋の没落』を出版した。この本は、第一次世界大戦の惨劇と、敗戦後のドイツの知識人の多くが感じていた危機感から、ヨーロッパ哲学の多くが悲観主義に陥っていることについて説明している。シュペングラーの本のタイトルを直訳的に解釈すると、この本が西についての概念により深く根差していることがわかる。「没落」というドイツ語は文字通り「沈む」であり、「西洋」の「アーベントラント」（通常は「西」と訳される）は「夕暮れの地」であり、夕日が「沈んで」西の暗闇に消えるという昔からの概念を想起させる。この本のタイトルは『西の落日』と英訳される可能性も充分にあったわけだ。シュペングラーは、二十世紀には彼が「西欧・アメリカ」文化と呼ぶものの成就――そしてその「没落」――が起きると主張した。[42] 彼は、バビロニアから中国、メソアメリカ、ギリシャ・ローマ、アラビアに至るすべての偉大な世界文化は、文化として栄え、文明として固まったのち、必然的な衰退と終焉に直面すると考えていた。「このように見ると、『西洋の没落』は文明の問題にほかならない」とシュペングラーは書いている。各文明は「結論であり、〈なろうとするもの〉が〈なるもの〉を継ぎ、〈死〉が〈生〉を継ぎ、〈硬直〉が〈膨張〉を継ぎ、〈知的時代〉と〈石造りの舗装された世界都市〉が〈母なる大地〉を継ぐ。（中略）それは、取り消すことのできないおわりでありながら、内なる必然によって何度も繰り返し到達するものなのだ[43]」。シュペングラーにとって西洋の時間は残り少なくなっていた。彼は「西洋の土壌は形而上学的に疲弊している」と主張した。西洋文明の衰退はやがて、両大戦間期におけるヨーロッパの経済的混乱の顕著な予兆とナチズムの台頭のなか、深刻な不平等と権威主義的な政治、彼が「貨幣の独裁」「皇帝政治主義《シーザリズム》の到来」と呼んだ政治へとつづいていく。[44]

シュペングラーの陰鬱な予言は、同時代の多くの人々が信じていたことを的確にとらえており、保守的、自由主義的な論客や政策立案者になおも影響を与えつづけている。ジェームズ・リトルの『西欧文明の破滅』（一九〇七年）からダグラス・マレーの『西欧の戦争』（二〇二二年）に至る書籍に見られるように、「西」を資本主義、テクノロジー、大衆民主主義に牽引された抗《あらが》うことのできない政治的・経済的な力として理解した人々は、すぐさま西の衰退、さらには滅亡を宣言しはじめる。「西」が近代的な定義を獲得するやいなや、エジプト人からテューダー朝まで、西を死と再生の場とみなす古くからの伝統を不気味に繰り返すかのように、その消滅が宣言されつづけてきたのだ。

シュペングラーを参考にした理論には他に、九・一一同時多発テロ後のアラビア湾やアフガニスタンにおけるアメリカの外交政策の多くを形作った政治学者のサミュエル・ハンティントンの「文明の衝突」論（一九九三年）や、アメリカの右翼政治家パトリック・J・ブキャナンの著書『病むアメリカ、滅びゆく西洋』（二〇〇一年）などがある。シュペングラーの考え方は、ドナルド・トランプの台頭を招いたアメリカ政治における新自由主義・権威主義的衝動の高まりを理解しようとするアメリカの論客たちによって、ふたたび見直されている。[45]

シュペングラーは、文化が文明へと発展するライフサイクルのなかで、「誕生、死、若さ、年齢という概念」を通じて、その必然的な衰退と崩壊に至る道を想像した。しかし、これは目新しい話ではない。太陽の東から西への移動、日の出から日の入りまでの動きにまつわる推定にさかのぼるもので、古代エジプトの宇宙観や、「支配の移転（トランスラティオ・インペリ）」という古い考え方に源流を見ることができる。異なるのは、シュペングラーの憂鬱なシナリオには再生の機会も、救済も、エリュシオンもなかったことだ。その代わりに、彼が自身の英雄、ゲーテの『ファウスト』にちなんで「ファウスト的」と呼ぶ近代西洋文化は、個人的疎外と政治的権威主義を特徴とする文明の長い黄昏に直面していた。

シュペングラーの悲観主義は、十九世紀の自信に満ちた前提が崩壊し、世界が下り坂を転げるように一九一四年の第一次世界大戦に突入するなか、ヨーロッパとアメリカの文化におけるより広範な政治的危機から発展したものだ。出版後の一〇年を見ると、この本は、欧米における「狂騒の二〇年代」の熱狂、一九二九年の金融大暴落につながる好景気と不景気のサイクル、ナチズムを含む極端な政治イデオロギーの台頭など、西洋が抱える多くの問題を予見していたように思われる。

シュペングラーの主張が、ヨーロッパの理性の時代や啓蒙主義——英語で「エンライテンメント」で、この言葉もまた明るさと日の出を連想させ方角との関連を持つ——に幻滅した多くの知識人の共感を呼んだのは、さほど不思議なことではない。第二次世界大戦終結の一九四五年以降、独立と脱植民地化を求める反帝国闘争はいっそう高まり、西欧列強によって植民地化された人々は、のちに「帝国のペンの逆襲《エンパイヤ・ライツ・バック》」とも表現されたポストコロニアリズムの流れのなかで、「西洋の没落」というシュペングラーの発想を取り入れた。[46]

東洋を支配し搾取するために東洋の概念を発明するという西洋のオリエンタリズムの伝統を明らかに逆転させたものとして、アフリカやアジアの政治家や作家は「西洋主義（オクシデンタリズム）」の戦略を採用した。このなかで今日の西洋人とその社会は、あらゆる意味で物質主義的で、退廃的で、信仰心のない、暴力的な現代の十字軍としてステレオタイプ化された。[47] 一九六二年、イランの作家ジャラール・アーレ・アフマド（一九二三〜六九）は『西洋かぶれ――西洋からの疫病』という英訳本を出版した。アーレ・アフマドはペルシャ語で「ガーブザデギ」という言葉を使ったが、これは英語タイトルの「オクシデントーシス」と並んで「西洋中毒」、「西洋炎」、「ユーロマニア」などさまざまに訳されている。これらの用語が意味するように、アーレ・アフマドは、イランのような社会を「苦しめる」中毒や汚染として西洋を描写し、同書は同時代の多くの人々にイラン近代史における最も重要な著作のひとつとみなされている。アーレ・アフマドにとって西洋は流行り病であり、東洋から資源と集団的アイデンティティを奪うものだった。

わたしにとって「東」と「西」はもはや地理的、政治的な概念ではない。ヨーロッパやアメリカ人にとって、西側とはヨーロッパとアメリカを意味し、東側とはソ連、中国、東欧諸国を意味する。しかし、わたしにとってそれは経済的な概念である。西は飽食の国、東は飢餓の国である。[48]

西側は経済的、心理的な毒であり、アイデンティティというよりは、地球に蔓延《まんえん》するウイルスのようなものだった。この不調に対するアーレ・アフマドの答えは、イランの民族自決、技術革新、急速な工業化、西洋からの経済的独立を奨励することだった。

アーレ・アフマドの『西洋かぶれ』――英語版タイトル『オクシデントーシス』は、オクシデンタリズムや「反西洋主義」という、より馴染み深い用語と密接な関係がある——の別バージョンともいえる主張は、二十世紀後半以降、西側諸国出身者や西側諸国以外の人々によって語られ、多くの世界規模の政治的言語や信条を形成してきた。しかし西洋の終焉が間近に迫るのを宣言するシュペングラーの予言が響きつづけ、多くの反帝国主義者が耳にしているにもかかわらず、西洋は依然として世界中で強力な力を発揮しつづけ、富める者も貧しい者（難民など）も、生まれた場所からそれまで経験したことのない場所に誘い込むことができる。たとえば、多くの中国人は、たとえその態度が政治的に「適切ではない」とレッテルを貼られたとしても、西洋というものに対していまだに弱点がある。二十世紀第三の四半期に毛沢東のもとで発展した東西対立の構図は、東洋を真の起源と政治的清廉さ、西洋を腐敗と衰退の地としてとらえるもので、ボリシェヴィキ革命後のソ連のレトリックを髣髴《ほうふつ》とさせた。文化大革命の熱狂のあと、多くの中国人にとって東洋はもはや夢を描く方角ではなくなっていた。資本主義が約束する個人的な富を求めるあまり、東洋にいることの美徳はその魅力を失った。できることなら西に向かったほうがずっといい——たとえ「西」がどこであろうと。

経済と地政学における西側の象徴は、その支持者にとっても批判者にとっても、依然として米国である。ここ数十年、アジアの経済成長を前にしたアメリカの相対的な衰退は、もはや定説となっている。このことは、アメリカ自体の「西」に対する認識にも変化をもたらしている。この変化についての最近の探究のなかで最も革新的なもののひとつが、アメリカ人作家リチャード・ロドリゲスのエッセイ『トゥルー・ウエスト——米国フロンティアの地平を置き換える』（一九九六年）である。メキシコ移民のゲイの息子としてカリフォルニアで育ったロドリゲスは、東西を基調にしたソローの視点に疑問を呈している。彼はこう書いている。「一九五〇年代、カリフォルニアは、自分たちは目的地にたどり着いたと確信する西部志向のアメリカ人で埋め尽くされていた。わたしの両親はメキシコ出身だった。父はいつもカリフォルニアのことを〈エル・ノルテ（北）〉と表現していた。父の表現は南北方向で、より多くのアメリカを含んでいた。カリフォルニアを〈北〉だと言う父と、カリフォルニアを〈西〉だと言うシカゴ訛《なま》りの隣人に囲まれ、ここから東にあるのが〈西〉だと考えて育ったことで、〈西〉が想像上のものであることには早々に気づいていた」。ロドリゲスは、ソローやアメリカの西部フロンティアをより強く支持する人々が残した両義的な遺産を認めている。「アメリカの神話は伝統的に東から西へと書かれ、人が意のままに自然を支配下におさめるという（中略）明白な天命（マニフェスト・デスティニー）を果たす選民たちを描いてきた」。それは力強いが、排他的な神話だ。「アメリカ合衆国は、カナダとメキシコを除外して長方形のレターボックス形になっている」。ロドリゲスは、ハムリンのカナダの「ノルディック・インデックス」と呼応するかのように、カナダとメキシコ両者を「南北の国であって、どちらも西部の神話を持っていない」と見ている。これとは対照的に、「アメリカはアメリカ人によって東から西への長軸方向にとらえられている」[49]。

しかし、ロドリゲスは自らの移民としての遺産をもとに、アメリカの方向性に変化が生じていることを見抜いている。「アメリカにはこれまで真の北というものがなかった」と彼は言う。「アメリカの南北戦争は国を二分し、南部という地域の特殊性を連邦に印象づけた。しかし、北部は政治的観念以上のものではなかった」。ロドリゲスのエッセイが出版される二年前、北米自由貿易協定（ＮＡＦＴＡ）が発効した。「アメリカにとって、ＮＡＦＴＡは北と南に対する革命的な再調整を意味する」とロドリゲスは書いている。カナダ、メキシコ、アメリカ間の貿易軸であるＮＡＦＴＡと、その後継であるアメリカ・メキシコ・カナダ協定ＵＳＭＣＡ（二〇二〇年）は、アメリカの地理的・政治的軸を方向転換させようとしている大量移民と並んで、北から南への著しい経済的シフトを示唆している。ロドリゲスの視点で見ると「カリフォルニアは北の修正版を創り出しつつある」のだそうで、これはロサンゼルスを「新しい北の首都」であるシアトルやヴァンクーヴァーとつなげることだと言う。ロドリゲスは、自分の未来が「マサチューセッツよりもブリティッシュコロンビアに近い」と感じている。太平洋沿岸に東を向いて立ち、ロドリゲスは「西というメタファーが足元で泡と消えていく様子」を眺めているのだ。[50]

　国際開発の言葉において、東洋が「グローバル・サウス」に同化されたように、アメリカ西部もまた、北だけでなく東にも目を向けつつある。アメリカ西部で最近よく言われるのは、「真の西部」は今やカリフォルニアの東にあるというものだ。かつてゴールデン・ステートと呼ばれた場所は、今や物価が高く、交通渋滞が激しく、環境破壊が進んだディストピアだと不満に感じるようになったカリフォルニア市民は、「西部に戻る」ために、ユタ、ネヴァダ、アリゾナ、テキサスといった東方面の州へと移住している。そうしてカリフォルニアを去った人々は、地図上では東へ向かっていても、頭のなかでは「西部」へ向かい、代わりのドリーム・ステートを求める。彼らをもう一度、開拓者神話と結びつけてくれるかもしれない場所だが、その神話は最初から幻想なのだ。さて、このあたりの再帰的な場所が、「西」

という四方位のなかで最も時間と縁の深い隠喩的な方位をあとにするのにふさわしいのかもしれない。内からであろうと外からであろうと、西という概念は他のどの方位よりもはるかな時空を超えてきた。それは日没を連想させるかすかな痕跡を残しながら、方位や個人のアイデンティティである以上に、広く浸透したイデオロギーとなったのだ。

第5章

青い点

一九九〇年代初頭、わたしは東ベルリンに住んでいた。当時はまだベルリンが東と西に分かれていた。プレンツラウアー・ベルクというボヘミアンたちが住む地区のアーティストと親しくなり、そのアーティストから聞いた話が、以来ずっと心に残っている。一九八九年にベルリンの壁が崩壊する数年前、彼は東ドイツ当局に禁止されていた一枚の地図を手に入れた。その地図には一九六一年に分断される前の街全体が描かれていた。彼はいつもその地図を手に取っては何時間も見入り、区画や通りの様子を記憶に刻んだ。同じ街に住んでいながらこの目で見ることはないだろうとあきらめていた、分断された片割れの部分を眺めたのだ。そして一九八九年十一月九日の夜、他の多くの東ベルリン市民と同じように、彼は壁を越え、西ベルリンの通りを歩いた。何年も古い地図を見ていた彼の目に、それはとても馴染み深い場所だった。彼は、長年研究してきた違法な地図のおかげで、ベルリンの街の見たこともないもう半分を、いとも簡単に歩き回れたのだと説明した。とくに印象的だったのは、壁の崩壊を祝うカオスのなかで道に迷っていた西ベルリン人に道を尋ねられたときの話だ。目的の通りを見たことはなくても、頭のなかの地図ではよく知っている。そこへの道順をうまく案内できたとき、そのアーティストは自分がもはや「オッシー」（東ドイツ人の俗称）ではなく、ただのベルリン人になったと実感したという。

この本を書こうと思った動機のひとつは、これと似たような物語を、人生を通して何度も経験してきたからだ。わたしは北部人ではあるものの、人生の大半はイングランド南部で暮らしてきた。東ベルリンでの経験と同様に、南アフリカでもかなりの期間を過ごした。南アフリカもまた、政治的権力（この場合はヨーロッパの植民地的権力）によって、東西軸ではなく南北軸に沿って命名され、区分けされた国だ。そして、わたしはもちろん西洋人である。北、南、東、西――それぞれの方位が、わたしという人間を定義してきた。

わたしたちは誰しも、方位によってある程度形作られている。わたしたちの位置やアイデンティティは、他の場所や人々との相対的な関係においてのみ意味を持つ。方位は、現実的な意味でも比喩的な意味でも、わたしたちを取り囲むものとの関わり方を示してくれる。それは地理的にも精神的にも、日々出会う迷路から抜け出し、進むべき方向を見定めることを可能にしてくれる。しかしながら今日のデジタル時代において、方位を把握する能力は衰えつつあるように見える。そしてそうなってしまった経緯は、かなり正確にたどることができる。二〇〇五年二月八日、グーグルマップが開始され、ユーザーの「A地点からB地点への移動」を助けると高らかに宣言した。それから二年も経たない二〇〇七年一月八日、アップルは最初のｉＰｈｏｎｅを発表した。このスマートフォンはマルチタッチ技術を採用したもので、アップルのスティーブ・ジョブズCEOはこの機能をデモンストレーションするため、搭載された地図アプリケーションを使ってみせた。翌二〇〇八年六月、ｉＰｈｏｎｅ ３Ｇが発表され、第三世代のネットワーク技術を採用したことで、端末がどこにあってもインターネットに接続できるようになった。これを機にアップルは、ユーザーが現在地を確認しナビゲーションに利用できる青い点を、携帯電話の地図アプリに導入した。全地球測位システム（ＧＰＳ）、インターネット・プロトコル（ＩＰ）、位置情報、中継塔の三角測量の組み合わせによって「ライブ」の情報を得ることが可能になったのだ。このオンライン地図とスマートフォン技術の組み合わせは、事実上の革命を起こした。その結果、方位はかつてのような力を持たなくなった。代わりに、オンライン・ユーザーは地図の中心に自分自身を置き、物理的な世界ではなく、自分の身代わりを示す青い点の動きを注視するようになった。

一部の神経科学者は、周囲の空間をナビゲートする能力を電子機器に委ねた結果、知的能力、あるいは少なくとも空間認知をつかさどる脳の機能が低下する可能性があると考えている。研究チームは「場所細胞」なるものを特定した。それは学習と記憶をつかさどる脳の側頭葉の奥にあるタツノオトシゴのような形をした部位、海馬《かいば》とその周辺にある神経細胞《ニューロン》だと言う。「場所細胞」は特定の場所で活性化する。一方、これよりもあとに発見された「頭部方向細胞」は顔の向きに反応し、「グリッド細胞」は位置に反応し、「境界細胞」は環境の境界線に直面すると活性化するのだそうだ。これらのニューロンはともに働き、認知マップを作成・保存し、時の経過のなかで経路や移動を記憶したりたどったりすることを可能にしている。[1]

最近の研究では、ロンドンのタクシー運転手の海馬の大きさを測定した。彼らは「ザ・ナレッジ」と呼ばれる、ロンドン中心部の六マイル〔約一〇キロ〕四方の道路、ランドマーク、最短ルートを記憶するテストを受けなければならない。研究の結果、このテストに向けて訓練するなかでタクシー運転手の海馬は成長し、引退すると通常の大きさに戻るということがわかった。[2] 実践的なナビゲーションを集中的に行うことで海馬が成長するのであれば、オンラインGPS機器に認知機能を委ねてしまうと、時間とともに海馬は萎縮してしまうのだろうか？　わたしたちは今、ルート検索装置としての四方位のパワーと機能が目に見えて衰えている状態を経験しているようだ。オンラインGPSを提供する企業は、わたしたちは道に迷った経験を記憶している最後の世代になるだろうと豪語している。しかし彼らは、これが進化上の利益ではなくむしろ損失になりうることについては、認めようとしない。

おそらく、そのような懸念は見当違いなのだろう。結局のところ、四方位の最も古い用途は、古代の社会が自分たちの宇宙観に照らして地上空間をナビゲートするために考案された、初歩的なGPSだった。地磁気（南北）と太陽の動き（東西）の基本的な理解から生まれた人間のシンボルなのである。それは、個人が自然界を動き回り、理解し、さらには支配するのにさえ役立ってきた。時の流れのなかでそれらは進化し、社会が自分たちを組織する形に意味を与えるようになった。議論の的となるその言葉や込められた意味は、今やほとんど純粋にイデオロギー的なものと言える。北方人と南方人の対比、西洋世界と東洋社会（あるいは「オリエンタル」社会）の対立、南半球が北半球先進国に挑むといったように。北と南、東と西、さらにはその多くの中間方位にも及ぶ地政学的対立の言葉は、今や地理的現実から切り離されている。ある国が地図上のどこに位置しているかは、ある方角やまた別の方角にラベル付けされるうえで、もはや問題ではない。西洋文明、東洋の野蛮さ、未開発の南部などというように、重要なのは、その言葉が表現する政治的価値なのだ。北方人、南方人、西方人、さらには東方人という、方位から生まれたアイデンティティは、そこに含まれるプライドが、狭量な郷党心や排外主義を生み出す可能性もあるため、慎重に扱われるべきだ。政治的に分断された東ベルリンのような都市や、資源の争奪戦が行われている南極大陸のように、場所を座標にまで貶《おとし》めてしまうこともまた、犠牲をともなう。現在の環境危機において、場所は地政学的な意味や天然資源ではなく、それ自体が尊重される必要がある。

いずれにせよ、わたしたちは依然としてこの現代社会で自らの道を見つけていくことが必要で、オンラインでもオフラインでも、わたしたちを「正しい」方向へと導いてくれる道具が必要であることに変わりはない。デジタル化の過程で失われつつあるのは、道案内の主要な道具としての磁気コンパスの重要性である。オンラインの地図アプリケーションは、コンパスの使用に取って代わる自動化された空間認識方法によるものだ。グーグルマップのようなアプリケーションは現在、デバイスが仮想地図上で周囲の状況を「ローカライズ」できるようにするソフトウェア「ビジュアル・ポジショニング」を導入している。このアプリケーションは、内蔵コンパスの値ではなく、都市環境の膨大なデジタル画像をスマートフォンのカメラと照合することができる。これにより、より正確な道案内が可能になり、地下鉄やホテルから一歩外に出たときなど、ある場所から別の場所に移動する際の方向がより明確に理解できる。わたしたちは今や、磁気を帯びた針ではなく、デジタル化された写真データに導かれるようになったのだ。

道に迷うというのがどういうことなのかわからなくなっているとしたら、三六五日二四時間デジタルで与えられる方向指示には、より実存的な意味で、わたしたちの方向を見失わせる危険性があるのではないだろうか。かつてわたしたちの最重要方位の基準となっていた古い聖地や政治的中心地は、もはやわたしたちを固定するものではない。その代わりに、バーチャルな場所やローカルな場所が無数に存在するようになった。わたしたちの多くにとって最も重要なアドレスはEメールのアドレスで、これは地理的な場所に関係なく、どこからでもアクセスできる。スーパーマーケット、銀行、裁判所、子供の遊び場など、以前はわたしたちの行き先となっていた物理的な場所の多くはオンラインに移行しており、サイバースペースを移動する青い点に象徴されるように、オンライン上の人格やアバターを作ることもできる。国や自治体は現在、経済生産性を向上させる非接触型サービスを優先し、人間同士の交流を最小限に抑える「アンタクト」(「コンタクト」の反対)と呼ばれる政策を採用している。このようなバーチャルな社会空間では、方位に対する関心や必要性はほとんどないように思える。今や方位の力は地政学的な意味合いのなかのみにあって、方向指示的な意味合いはその陰に隠れている。

わたしたちは極が北から南へ、太陽の弧が東から西へと走る二次元四方位の地図にもとづいて世界を理解するのではなく、グローバルな多極化の世界に入りつつある。そしてその世界の四方位はさまざまな政治的意味であふれている。この四方位はすべて文化と言語のルールの結果であり、地政学的な意味はもはや道案内の道具としての用途を凌駕《りょうが》しているのだ。極地の氷冠が解け、北や南という地名まで溶解して変わっていくように見える一方で、東と西の定義もまた、軍事衝突や経済の激変に応じて移動し、入れ替わっていく。これはウクライナやガザでの戦争をめぐるレトリックや、とくに「グローバル・ノース」と「グローバル・サウス」のあいだで大量の移民が発生し、グローバル・サウスが先進国である北に倣う(あるいは加わる)ために「上」を目指そうとする試みにも見てとることができる。

デジタル化されたこの世紀には、五つの方向がある——東、西、南、北、そしてオンラインの青い点「あなた」。紙の地図が淘汰《とうた》されるにつれて、その点はコンパスによる方向指示に取って代わり、方位はいまや多くの人にとって無意味なものとなっている。ぎこちなく動く小さな青い点に注目するあまり、自分が移動する物理的な地勢を観察する時間はますます減ってゆき、歩行中に他人とぶつかることだけが増えていく。自動車、電車、飛行機などによる移動時間が、距離や方角に取って代わることが多くなっている。コンパス方位は、地理空間アプリの下隅に小さな矢印として残っているが、ほとんどの場合、それは無用の長物で、ほとんど時代錯誤のようにも見える。現在、すべての方向指示は、あなたがどこにいようともローカライズされる。通常はあなたが移動しながらモバイル機器をチェックするのと同時にその処理が行われる。

自分中心の地図作りには長い歴史があるものの、この青い点は、それの最も極端な表現だろう。経済のグローバル化のスピードが上がり、波及範囲が広がれば、それは空間と距離の圧縮につながる。最も重要なのは、わたしたちがどういう立場で、どのように消費するかだが、多くの場合、それは自分自身の物理的領域に対する没入型の理解と相互作用が許す範囲のものである。オンライン・マッピングは、わたしたちを「技術方位主義」とでも呼ぶべき新しい言語へと導いた。方向は、ユーザーであるわたしたちにとっては重要ではないが、アプリケーションにとっては重要である。アプリは、洗練された高度に正確なデジタル作図システムが、歴史的、イデオロギー的な意味合いを一切排除し、わたしたちには見えないように設計されている。本書で説明してきた、四方位の深い歴史に見られるような政治的言語ゲームへの関心はもはやない。四方位が廃れていくのを尻目に、わたしたちはただ、できるだけ速く便利に移動したいだけなのだ。インターネット上の個人は、バーチャルにはつながっていても、環境的には周囲の世界から切り離され、自分では空間を読み取ることのできない混乱した領域に住んでいる。マイケル・ボンドが著書『失われゆくわれわれの内なる地図――空間認知の隠れた役割』で指摘しているように、「わたしたちは人類の進化の歴史のなかで初めて、何万年ものあいだわたしたちを支えてきた空間的スキルの多くを使わなくなった」のだ。彼は、オンライン・マッピング・デバイスによって、わたしたちの多くが、「自分が空間のどこにいるのかを知るという絶対的な確実性を得るのと引き換えに、場所の感覚を明け渡す」状況に置かれていると懸念している。[3]

わずか五〇年前、ある青い点を喜んで受け入れた世界は、今、別の青い点を受け入れるようになった。最初の青い点とは、本書の冒頭で取り上げた息を呑むほど美しい一枚の写真、一九七二年十二月にアポロ17号の宇宙飛行士が撮影した丸い地球のことである。そこには、茫漠たる暗黒の宇宙に浮かぶ、はかなくも尊い紺碧《こんぺき》のビー玉、地球が写っていた。その画像は、わたしたち皆の住み処《か》である美しい青い世界がいかに壊れやすく唯一無二の存在であるか、そしてそれを大切にするためにわたしたちが個人の枠を超えて考えることがどれほど大切であるか、それを見たすべての人々に思い起こさせた。しかし、ある技術革新はすぐに別の技術に取って代わられた。二〇〇八年以降、わたしたちのスマートフォンに表示されるようになったピクセル化されたバーチャルな青い点は、今や惑星のほうの青い点にとって代わるとともに、わたしたちの志向を、外や自分自身を超えたところに目を向けることから、自分が移動する広い世界をほとんど意識することなく内側だけに目を向けることへと変化させる。この微妙なスケール比の変化は、狭まりゆくグローバル世界の劇的な縮小と方向転換を招く危険性がある。

極点、赤道、回帰線、そして何世紀にもわたって帝国によって確立された何本かの主《おも》だった子午線と同様、四方位は人間の想像の産物である。朝日が――そして夕日が――高層ビルに囲まれた都市生活から遠ざかっていくにつれて、わたしたちは自然界への方向性を見失いつつある。インターネット・テクノロジーは、わたしたちがやりたがらない――あるいはますますできなくなりつつある――方位を見定める作業を、アプリケーションが代わって行うという新しい習慣と言語を生み出した。それぞれの方位は、技術的な専門家以外のすべての人にとって、もはや方向やナビゲーションではなく、地政学的な考えやアイデンティティとの関連でのみ意味をなすようになっている。二つの青い点は、何千年ものあいだ人類に方向を見定めたり方向を見誤ったりさせてきた四方位が、今やそれ自体方向転換の対象になっていることを思い出させる。そして今、主要四方位はかつてないほどにその反対の方位によって定義され、それればかりか、反対方向の意味さえ持つようになっている。北と南、東と西は、自在に移動する不安定な概念で、地政学的勢力の盛衰、技術革新、文化的思想、そしてわたしたちが興じる言語ゲームによる圧力で、容易に変化し、反転する。

この多極化と混乱に満ちた世界で、次に舵《かじ》を取るべき方位はどれだろう？　過去五〇〇〇年のあいだに確立された、北を頂点とし、西欧列強が支配する世界像は、もはや必ずしもわたしたちを惹きつけはしない。政治的には中国の経済力によって、どこの誰が「トップ」なのかが再定義され、わたしたちの方向性は九〇度東にシフトする可能性がある。グローバル・サウス主導で今後アフリカに訪れる「ルネサンス」は、地球をさらに九〇度回転させ、人類発祥の地を世界の中心に戻すだろう。そしてどちらの青く丸い点も、わたしたちがこれまで以上に相互依存せざるをえない地球という星に生きていることを思い出させる。四方位の歴史は、二十一世紀におけるデジタル化された四方位の未来に疑問を投げかける。丸い地球には必要ないはずなのに、なぜ人間には四方位が必要なのだろうかと。

謝辞

この本は、わたしがこれまで書いた本のなかで最も短いもののひとつである。そしてそれに反比例する長さの謝辞を書き連ねることになるくらい、最も苦労した本でもあった。以下に列挙する方々のほとんどは、この本が個人的に非常に辛い状況下で書かれたことをご存知だ。彼らの多くは、どん底まで落ち込んだ状態のわたしを見ており、その惜しみない優しさ、寛大さ、忍耐、愛、そしてわたしをなんとかもちこたえさせてくれた揺るぎないご支援に対して、全員に感謝の意を述べたい。

本書は、ＢＢＣラジオ４の『ワン・ダイレクション』というシリーズのプロデューサー、サイモン・ホリスとの会話から着想を得て誕生した。サイモンには、わたしたちが制作した他の多くのシリーズ同様、素晴らしいシリーズを作ってくれたことに、そして困難な時期に友として気遣ってくれたことに感謝している。地図製作史同好会からは、豊富なアドバイスや参考資料を提供していただいた。キャサリン・デラノ・スミス、アルフレッド・ハイアット、アマニ・ルセキロ、アラン・ミラード、ヨッシー・ラポポート、ダン・テルクラにお礼を申し上げる。他の同僚たちも貴重な参考文献や見識を与えてくれた。北極についてはマイケル・ブラボー、アステカ文化の方位についてはキャロライン・ドッズ・ペノック、主要四方位についてはフェリペ・フェルナンデス＝アルメスト、とくに北について惜しみなく丁寧に相談に乗ってくれたロバート・マクファーレン、青い点についてはエド・パーソンズ、ヘブライ語の方位についてはカレン・スターン、奇妙な南北の極を描いたモジソラ・アデバヨ、フンボルトについてはアンドレア・ウルフに感謝する。わたしのエージェントであるジョージ・カペルと彼女が率いるジョージナ・カペル・アソシエイツのチームは、一緒に仕事をするのがとても楽しかった。ジョージは、面白さとタフさ、サポート能力を絶妙なタイミングで発揮してくれた。またマイル・エンド・ロードの学生や同僚たちのおかげで、厳しい状況下でも楽しく仕事をすることができた。ファイサル・アブール、タマラ・アトキン、ジョナサン・ボッフィー、ルパート・ダンロイター、マークマン・エリス、ララ・フォザーギル、レイチェル・ギルモア、パット・ハミルトン、スザンヌ・ホブソン、ベブ・スチュワートに感謝する。

この本は、わたしが編集者スチュアート・プロフィットと創り上げた三冊目の本だが、彼はずっと「北極星のように不変の存在」だ。完璧なプロフェッショナルであると同時に、個人的な危機の際にも大きな支えとなってくれた。ファハド・アル＝アムーディ、イザベル・ブレイク、リチャード・ドゥグイド、ヴァーティカ・ラストーギと一緒に仕事ができたのは光栄だった。リチャード・メイソンは本文のコピーエディターとして素晴らしい仕事をしてくれたし、アマンダ・ラッセルは卓越した画像リサーチャーだった。米国では、グローブ・アトランティック社が、本書と今後出版される本たちにとって幸福な新天地であることが証明された。ジョージ・ギブソン率いるチームとの仕事は、はじめから歓びに満ちていた。揃いも揃って最高の友人たちや家族親戚たちもまた、ずっとわたしを支援しつづけてくれた。兄のピーターと妹のスーザンには想像以上のサポートをしてもらい、いとこのニッキー・ベリーがちょうどいいタイミングで戻ってきてくれたことも幸いだった。この本を娘のハニーに、そしてやがては彼女の妹のルビーと弟のハーディに見せる日が来るのが待ちきれない。ボク・グドール、ハヤット・カミーユ、マシュー・ディモック、ジョージ・モーリー、セリーヌ・ヒスピシュ、アンソニー・サティン、ヴィク・シヴァリンガム、そしてわたしの恩師マギー・シーン――多くの親愛なる友人たちの援助も、彼らが思っている以上にわたしの力になった。さらに、トルコの旅仲間ジェラルド・マクリーンとドナ・ランドリーに、ポール・ヘリット・エイジの愛と希望と意思の楽観主義に、いつも電話の相手をしてくれたクレア・プレストンに、東から舞い戻って風を吹き込んでくれたヒュー・マクリーンに、三〇年前に初めて地図の世界に足を踏み入れて以来、たゆまぬ優しさでわたしを支えてくれ、原稿をすべて読んで重要な洞察を与えてくれたピーター・バーバーに、同じくこの本を読み言語ゲームという贈り物をくれたデイヴィッド・シャルクウィクにも感謝する。ナターシャ・ポドロ、リチャード・オーヴェンデン、ニック・ミレア、ラナ・ミッターは、オックスフォードがアイデアの宝庫であることを思い出させてくれた。わたしとともに四方位のすべてを巡ったガイ・リチャーズ・スミットは、今も風を吹かせてわたしの翼に浮力を与えてくれる。ロブ・ニクソンは、最も偉大な友人の一人であるとともに最も親しい読者でもあって、わたしが文章を見失ったときも、最後までちゃんとまとめてくれる。ピーター・フローレンスもまた、わたしが最も沈んでいる時期にこの本を読み、愛と慰めとともに道を示してくれた。ティム・ブルックとその妻のフェイは親愛なる友人であり、愛すべき旅人である。ティムは何年もわたしの本を読んでくれていて、その鋭いフィードバックと毎週のZoomコールは、くじけそうになったわたしを救ってくれた。ラジェッシュ・ヴェヌゴパールは素晴らしい友人で、わたしが最も必要とするとき、物理的にも精神的にも、いつもそばにいてくれた。一方、クシシュトフ・ジエチョロフスキは、距離的には遠くても、心で寄り添ってくれた。彼らのおかげで、新たな友人もできた。ここではとくにケイト・デイとイリ・エリア、デイヴィッド・コーンとマルゲリータ・ラエラ、トンデライ・ムニエヴとアダム・マクギガン、ガブズとジェイミー・パーカー、フィリップ・リーダーとルイーザ・リーダー＝ピアソン、アランとアドリアン・ラッセル、フェルディナンド・サウマレス・スミス、キャサリン・スコフィールドとヘレン・サンダーランドの名を挙げておこう。

友人であり同僚でもあるデイヴィッド・コルクローには、記憶にあるかぎりの昔から謝辞を書きつづけてきたが、今回が最後でないことを願っている。彼は最も思慮深く、優しく、愛情深い友人で、わたしが必要とするときはいつでもそばにいてくれた。ダニエル・クラウチと彼の素晴らしい家族は、愛ゆえの叱咤激励とともにわたしを迎え入れ、極限状態のときの居場所を与えてくれた。アダム・ロウとその妻シャーロット・スキーン・キャトリングの変わらぬ友情を一言で言い表すのは難しい。アダムとファクトム・アルテでの彼の仕事がどれほど優れているかは、本書を見ればおわかりいただけるだろう。彼もまた、創造のインスピレーションであると同時に、わたしが挫折しかけたときに支えてくれた。いずれ彼に恩返しができると信じている。ジョード・レイモンドは最高の友人であり、この激動の数年間、いつもそばにいてくれた兄弟同然の存在で、そのことに心の底から感謝している。キャンディス・アレンという女性の非凡さを充分に言い表すことは果たして可能だろうか？　この二年間キャンディスは、人生はどんなときでも味わう価値があるものだということを教えてくれた。彼女は類稀な人であり、彼女との友情はわたしの宝だ。

ヤン&ロジャー・ウッズ、キャサリン・ウッズ&セバスチャン・タウンゼント、スティーヴ・ウッズ、ミシェル・シュラム、そしてフィン・ウッズ——ウッズ・ファミリーの信じられないほどの優しさ、支援、愛情にここで感謝できることは、わたしにとって大きな喜びだ。ヤンは、出会った瞬間から無条件の愛を示して、わたしを家族の一員として迎えてくれた。ロジャーは寛大にもわたしにアナム・カーラの舵を取らせてくれ、わたしの帆にふたたび風を吹き込んでくれた。彼とのさらなる旅と冒険を楽しみにしている。二人と出会えたことを、つくづく幸運だと感じている。

この本はペン・ウッズに捧げている。ペンは、わたしが方角を見失っていたときにわたしの人生に現れた。わたしがふたたび行くべき道を見つけることができたのは、彼女の愛と気遣い、優しさ、そして喜びと創造性に満ちた人生に対するその揺るぎない姿勢のおかげである。そうしたものをすっかり見失っていたわたしに、ペンは黄金宮殿（ドムス・アウレア）を見せてくれたのだ。彼女がいてくれるかぎり、わたしの日々は奇跡と驚嘆に満ちている。

訳者あとがき

本書はJerry Brotton "Four Points of the Compass: The Unexpected History of Direction"（Allen Lane, an imprint of Penguin Press, 2024）の全訳である。タイトルを直訳すれば、『コンパスの四方位――方角の意外な歴史』となる。

東西南北の四方位が人類の歴史のなかでどのように生まれ、認識されるようになったのか、さまざまな文明において四方位を表す言葉がどのような意味を持ち、どのように変わっていったのか、さらには「東西南北」それぞれの方位が、多様な文化のなかでどのように扱われ、どのようなイメージで受け取られてきたのか、著者は多岐にわたる興味深い例や逸話を挙げながら説明している。

著者ジェリー・ブロットンは、ロンドン大学クイーン・メアリー校の教授であると同時に、これまで十冊を超える書籍を著し、数々の受賞歴を誇るベストセラー作家でもある。ＢＢＣの番組の企画立案に携わる放送作家としての顔を持ち、ラジオやテレビのプレゼンターを務めることもある。専門はルネサンス史と地図の歴史で、代表作には九カ国語に翻訳された『地図の世界史大図鑑』（河出書房新社刊）や十二カ国語に翻訳された『世界地図が語る12の歴史物語』（バジリコ刊）などがある。

じつを言うと、ブロットンのこれらの代表作を含め、地図の世界史について扱ったノンフィクションは数あれど、「東西南北」四方位の歴史について書かれたものは非常に珍しい。

日出ずる「東」は、洋の東西を問わず、古代からその希望を感じさせる側面によって親しまれ、中世ヨーロッパにとっての東方は「オリエント」として謎めいた魅惑の地であると同時に、その野蛮さを蔑む対象でもあった。

「南」は、北半球では太陽と切り離せない存在だ。太陽崇拝と結びつくことによって古代社会の多くで尊重されたものの、近世以降は発展途上と同義語のように扱われている。

北極星が輝く「北」は、地球の磁気の影響もあり、現代では方位の基準として地図の頂に君臨しているが、北がルネサンス期にその地位を獲得した理由は、多くの人にとって意外なものであるに違いない。

「西」は古代においては死や再生と関連づけられていた。中世以降は西欧文明の発展を想起させる存在となり、欧州列強はさらに西へと勢力を拡大していった。しかし日の沈む方角であるがゆえの皮肉か、その先には落日とも言える運命が待っていた。

四方位が記されたものとして世界最古とされるメソポタミア文明の粘土板「ガスール地図」から始まり、古代中国で生まれた羅針盤の前身「司南」、古代ギリシャ人が思い描いた南の大陸「テラ・アウストラリス」を求めたすえに南の凍てつく海に到達したクック船長の絶望、後世に語り継がれたスコット対アムンゼンの過酷な南極点到達競争、一五六九年にメルカトルが有名な世界地図を製作したとき、北を上にした理由は何だったのかなど、エピソードが豊富に紹介されている。

著者が次々に繰り出す四方位にまつわる話を、「このトリビア、今度どこかで披露してやろう」と思いながら読み進めるうち、読む者はいつしか時空を超えて、歴史の流れや地球というこの星全体を俯瞰的に眺めていることだろう。そして、著者が本書を記す際に保ちつづけた一貫した姿勢にも気づくのではないだろうか。最初に通読したとき、訳者が最も印象深く感じたのは、著者がつねに多角的な視点を大切にしようとしている点だった。

冒頭に引用されている『アレクサンドリア四重奏』は、三島由紀夫をして「二十世紀最高傑作の一つであり、優にプルースト、トーマス・マンに匹敵する」と言わしめた名著と言われる。そこには、国際都市アレクサンドリアを舞台に、さまざまな文化的背景をもつ男女の複雑な人間模様が描かれている。「わたしたちの見る現実は（中略）時空のどこにいるかによって違ってくる」というその一節にあるように、現実世界の解釈は自分の立ち位置によって違ってくる。時代や場所が変わればその捉え方は大きく変わり、場合によっては正反対になることもあるのだ。著者はこれが四方位のすべてに適用され、「東西南北」がいかに主観的なものであるか、いかに流動的で変わりやすいものかを繰り返し述べている。四方位ですらそうなのだから、歴史的な出来事、さらには今日起きている出来事のすべても、時代が移ろえば、あるいは逆の方角から見れば、まったく異なる印象を与えることもありうる。

最も顕著な例を挙げるなら、本書にも登場するコロンブスだろう。昭和三十年代生まれの訳者が子供のころ、小学校の図書室には『コロンブス』の伝記があり、コロンブスは偉大な探検家、偉人の代表格だった。しかし時の流れとともにその見方は変わり、とくに、いわゆる「新大陸発見」五〇〇年記念の一九九二年に先住民運動が活発化したことがきっかけで、先住民の立場から見た歴史認識に光が当てられることが増えた。コロンブスはアメリカ大陸植民地化のきっかけになっただけでなく、先住民の虐殺や搾取を指揮した負の部分で注目されるようになった。アメリカでは以前は全州でその到達の日「コロンブス・デー」を祝祭日として祝っていたが、現在ではサウスダコタやハワイをはじめとする数州において「先住民の日」などに置き換えられている。今日、「コロンブス」は迂闊《うかつ》に手を出すと炎上必至のデリケートな存在なのだ。

征服する者があれば、必ず征服される者がいる。光があれば闇がある。すべては表裏一体だ。自分とは異なる立場から物事を見ることがいかに大切か、「逆さまに見る視点」の重要性こそが、訳者が本書を読んだときにもっとも胸に残った点だった。わたしたちは折に触れ、地図を逆さまにして見るべきなのかもしれない。

地図と言えば、本書にはさまざまな時代の地図が登場するが、紙幅の都合であまり大きく拡大して掲載することができなかった。しかし幸いにして、ほとんどがインターネットで公開されている。巻末の「図版出典」に英語表記を掲載したので、興味のある方はぜひ検索して美しい地図や図版の数々を堪能していただきたい。また、本書の地図のすべてではないものの、前述のブロットン著『地図の世界史大図鑑』（河出書房新社刊）にもいくつか見事な写真が掲載されており、地図好きにはこちらもお薦めである。

なお、原注に挙げられた文献で邦訳が確認できるものは併記したが、本文中の引用訳は訳者によるものである。ただし、福沢諭吉の引用は原文を参照した（こちらもインターネットで公開されているので、興味のある方はぜひお読みになり、著者の感想と比較してみていただきたい）。また、語句の補足説明など、訳者による注記は文中に〔　〕で示した。

さて、本書を閉じるとき、読者の方々の胸には、何が残っているだろう？　何かしら新たな気づきや視点が生まれてくれていたら、訳者としてこれ以上に幸せなことはない。

末筆ながら、本書を形にするのに並ならぬ情熱を注いでくださった河出書房新社編集部の揖木敏男氏と、広範にわたる取り扱い事項の確認にご尽力くださった校正者の方々に心から感謝いたします。

米山裕子

二〇二五年一月

Bodleian Libraries, University of Oxford)

20. Juan de la Cosa's world map, 1500. (Museo Naval, Madrid)
21. Matteo Ricci, 'Map of the World', 1602. (James Ford Bell Library)
22. Emanuel Leutze, *Westward the Course of Empire Takes its Way*, mural, 1862. (Architect of the Capitol Building, Washington, DC)

【イラスト】

図2 Timosthenes; 'system of the winds', c. 270 BCE. (Joaquin Ossorio-Castillo/Alamy)

図4 Joaquin Torres-García, *América Invertida* (*Inverted America*), 1943. Ink on paper, 22 x 16 cm. (Fundación Torres-García, Montevideo) pp. 98–9: Mercator's world map, 1569. Basel University Library, Kartenslg AA 3-5. (Basel University Library, Kartenslg AA 3-5)

図6 Matthew Henson and four Inuit guides, April 1909 (Robert Peary, public domain, via Wikimedia Commons)

図版出典

【地図・図版】

1. The 'Blue Marble' photograph, AS17-148-22727, NASA, 7 December 1972. (NASA)
2. The 'Gasur map', a clay tablet from Yorgan Tepe, Iraq, c. 2300 BCE. (Courtesy of Harvard Museum of the Ancient Near East)
3. Codex Fejérváry-Mayer, a pre-Columbian Aztec calendar, World Museum Liverpool, the British Museum, London 12014M. (Copyright © The Trustees of the British Museum)
4. The Tower of Winds, Athens, c. 100 BCE. (Joaquin Ossorio-Castillo/Alamy)
5. Chinese mariner's compass with south ideograph marked in red, unsigned, China, 1825-75. (Copyright © Science Museum/ Science & Society Picture Library. All rights reserved)
6. First compass rose, from Abraham Cresques's 'Catalan Atlas', 1375, BN Paris, MS. Esp. 30. (Earthworks, Stanford/Princeton University Library)
7. Edmond Halley, 'A New and Correct Chart Showing the Variations of the Compass in the Western & Southern Oceans Observed in the year 1700 by his Majesty's Command', 1701. (Earthworks, Stanford/Princeton University Library)
8. Madaba Mosaic Map, Madaba Church, Jordan, c. 560 CE. (Flickr)
9. Twin hemispheres, from Franciscus Monachus, *De orbis ac descriptio*, woodcut, 1524. (Bibliotheque Nationale, France. MS. Esp. 30)
10. Hereford *mappa-mundi*, c. 1300. (Virtual Mappa 2.0)
11. Cosmographical map of Egypt on a stone sarcophagus, Saqqara, c. 350 BCE. (Metropolitan Museum of Art, New York, Gift of Edward S. Harkness, 1914. Accession Number: 14.7.1a, b)
12. Copy of Muhammad al-Istakhri's world map, 1297. Bodleian Library, Oxford. (Copyright © Bodleian Libraries, University of Oxford)
13. Icelandic hemispherical world map, Copenhagen, Arnamagnaean Collection, AM 736 I 4to, f. 1v (c.1300) Copenhagen, Arnamagnæan Collection, AM 736 I 4to, 1v. (Suzanne Reitz. Published with permission from the Arnamagnæan Institute)
14. Stuart McArthur, 'McArthur's Universal Corrective Map of the World', 1979. (National Library of Australia, nla.obj-G3200)
15. Battista Agnese's world map, 1543-4, John Carter Brown Library, Providence. (Courtesy of the John Carter Brown Library)
16. Byzantine world map from one of the earliest copies of Ptolemy's *Geography*, thirteenth century, Vatican Library, Urb. Gr. 82, ff. 60v-61r. (Urb. Gr. 82, ff. 60v-61r copyright © 2024 Biblioteca Apostolica Vaticana, with all rights reserved)
17. Mercator's world map, 1569. Basel University Library, Kartenslg AA 3-5. (Basel University Library, Kartenslg AA 3-5)
18. Frans Hogenberg, portrait of Gerard Mercator, 1574.
19. The Selden Map, c. 1608-9, ink on paper, Bodleian Library. (MS.Selden supra 105.

40. Alastair Bonnett, *The Idea of the West: Culture, Politics and History* (Palgrave, Basingstoke, 2004), p. 67.
41. Bonnett, *Idea of the West*, p. 69.
42. Oswald Spengler, *The Decline of the West*, 2 vols. (first published 1923, Alfred Knopf, New York, 1928), vol. 1, p. 3.（シュペングラー『西洋の没落』村松正俊訳、中央公論新社、2017年ほか）
43. Spengler, *Decline*, vol. 1, p. 31.
44. Spengler, *Decline*, vol. 1, p. 5; vol. 2, p. 506.
45. Robert Merry, 'Spengler's Ominous Prophecy', *The National Interest*, 123 (2 January 2013), pp. 11–22.
46. Bill Ashcroft, Gareth Griffiths and Helen Tiffin, *The Empire Writes Back: Theory and Practice in Post-Colonial Literatures* (Routledge, London, 1989).
47. Ian Buruma and Avishai Margalit, *Occidentalism: The West in the Eyes of its Enemies* (Penguin, London, 2004).（イアン・ブルマ、アヴィシャイ・マルガリート『反西洋思想』堀田江理訳、新潮社、2006年）
48. Seyyed Jalāl Āl-e Ahmad, *Occidentosis: A Plague from the West*, trans. R. Campbell (Mizan Press, Berkeley, California, 1984), p. 28.
49. Richard Rodriguez, 'True West: Relocating the Horizon of the American Frontier', *Harper's Magazine* (1 September 1996), pp. 17–46: pp. 17, 44, 45. I am grateful to Rob Nixon for this reference.
50. Rodriguez, 'True West', pp. 44, 46.

第5章　青い点

1. Bond, *Wayfinding*, and O'Connor, *Wayfinding*.
2. Eleanor A. Maguire, Katherine Woollett and Hugo J. Spiers, 'London Taxi Drivers and Bus Drivers: A Structural MRI and Neuropsychological Analysis', *Hippocampus*, 16, 12 (2006), pp. 1091–1101.
3. Bond, *Wayfinding*, pp. 217–18.

10. Moylan, 'Irish Voyages', p. 299.
11. Baritz, 'Idea of the West', p. 621.
12. Seneca, *Seneca's Tragedies*, trans. Frank Justus Miller (Heinemann, London, 1960), vol. 1, pp. 260–61.（セネカ『セネカ悲劇集 1』小川正廣、京都大学学術出版会、1997年）
13. *The Etymologies of Isidore of Seville*, 'The Cosmos and its Parts', ed. and trans. Stephen Barney et al. (Cambridge University Press, Cambridge, 2002), bk. XIII, 1, p. 271.
14. Brotton, *Twelve Maps*, p. 105.
15. Baritz, 'Idea of the West', p. 631.
16. Baritz, 'Idea of the West', p. 632.
17. Timothy Brook, *Great State: China and the State* (Profile, London, 2019), pp. 207–12.
18. Brook, *Great State*, pp. 226–7.
19. Richard Hakluyt, *A Discourse of Western Planting* (London, 1584).
20. Samuel Purchas, *Purchas His Pilgrimes* (London, 1625), in *Hakluytus Posthumus*, 20 vols. (James MacLehose, Glasgow, 1905–7), vol. 1, p. 173.
21. Baritz, 'Idea of the West', p. 636.
22. George Herbert, 'The Church Militant' in *The Temple: Sacred Poems and Private Ejaculations* (Cambridge, 1633), p. 184.
23. Baritz, 'Idea of the West', p. 637.
24. Rexmond C. Cochrane, 'Bishop Berkeley and the Progress of Arts and Learning: Notes on a Literary Convention', *Huntingdon Library Quarterly*, 17, 3 (1954), pp. 229–49.
25. https://www.ushistory.org/declaration/related/proc63.html.
26. Roger Cushing Aikin, 'Paintings of Manifest Destiny: Mapping the Nation', *American Art*, 14, 3 (2000), pp. 78–89.
27. Jochen Wierich, 'Struggling through History: Emanuel Leutze, Hegel, and Empire', *American Art*, 15, 2 (2001), pp. 52–71: p. 66, and G. A. Kelly, 'Hegel's America', *Philosophy & Public Affairs*, 2, 1 (1972), pp. 3–36.
28. Wierich, 'Struggling through History', p. 66.
29. Kelly, 'Hegel's America', p. 3.
30. Robert C. Williams, *Horace Greeley: Champion of American Freedom* (New York University Press, New York, 2006), pp. 40–41.
31. Frederick J. Turner, 'The Significance of the Frontier in American History' (1893): https://www.historians.org/about-aha-andmembership/aha-history-and-archives/historical-archives/the-significance-of-the-frontier-in-american-history-(1893).
32. Henry David Thoreau, 'Walking', *The Atlantic Monthly*, 9, 56 (June 1862), pp. 657–74: p. 657.（ヘンリー・ソロー『歩く』山口晃訳、ポプラ社、2013年ほか）
33. Thoreau, 'Walking', p. 665.
34. Andrew Menard, 'Nationalism and the Nature of Thoreau's "Walking"', *The New England Quarterly*, 85, 4 (2012), pp. 591–621.
35. Thoreau, 'Walking', p. 662.
36. Thoreau, 'Walking', p. 663.
37. Thoreau, 'Walking', p. 663.
38. Thoreau, 'Walking', p. 662.
39. 'west, adv., adj., n. 1, and prep', *OED Online* (Oxford University Press).

44. W. H. Auden, *A Certain World: A Commonplace Book* (London, 1971), pp. 22–4.
45. Seamus Heaney, 'North' in *North* (Faber, London, 1975).（シェイマス・ヒーニー『シェイマス・ヒーニー全詩集――1966〜1991』村田辰夫ほか訳、国文社、1995年）
46. Louis-Edmond Hamelin, *Canadian Nordicity: It's Your North, Too* (Harvest House, Montreal, 1979).
47. Amanda Graham, 'Indexing the North: Broadening the Definition', *The Northern Review*, 6 (1990), pp. 21–37.
48. Glenn Gould, 'The Idea of the North', broadcast 28 December 1967, Canadian Broadcasting Corporation. すべての引用は以下のサイトを参照。https://sites.google.com/site/ggfminor/home/idea-of-north-transcript.
49. Margaret Atwood, *Strange Things: The Malevolent North in Canadian Literature* (Clarendon Press, Oxford, 1995), p. 140. I am grateful to Tim Brook for this reference.
50. Atwood, *Strange Things*, p. 22.
51. Atwood, *Strange Things*, p. 101.
52. Robert A. Brightman, 'The Windigo in the Material World', *Ethnohistory*, 35, 4 (1988), pp. 337–79.
53. Jack D. Forbes, *Columbus and the Cannibals: The Wétiko Disease of Exploitation, Imperialism and Terrorism*, rev. edn (Seven Stories, New York, 2008).
54. Atwood, *Strange Things*, p. 124.
55. Atwood, *Strange Things*, p. 140.
56. Atwood, *Strange Things*, p. 140.
57. Peter Wadhams, *A Farewell to Ice: A Report from the Arctic* (Penguin, London, 2017), p. 84.（ピーター・ワダムズ『北極がなくなる日』武藤崇恵訳、原書房、2017年）
58. Wadhams, *Farewell to Ice*, p. 202.

第4章　西

1. Yoshitake, 'Japanese Names for the Four Cardinal Points', pp. 100–102.
2. John Roberts, *The Triumph of the West* (BBC Books, London, 1985), p. 431.
3. Robert H. Fuson, 'The Orientation of Mayan Ceremonial Centers', *Annals of the Association of American Geographers*, 59, no. 3 (1969), pp. 494–511, 502.
4. Mietzner and Pasch, 'Expressions of Cardinal Directions', p. 5.
5. Loren Baritz, 'The Idea of the West', *The American Historical Review*, 66, 3 (1961), pp. 618–40: pp. 620–21.
6. Homer, *The Odyssey*, trans. Robert Fagles (Viking, New York, 1996), bk 4, lines 636–9.（ホメロス『オデュッセイア』松平千秋訳、岩波文庫、1994年ほか）
7. Hesiod, 'Works and Days' in M. L. West (ed. and trans.), Hesiod, *Theogony and Works and Days* (Oxford University Press, Oxford, 1988), ll. 168–72.（ヘーシオドス『仕事と日』松平千秋訳、岩波文庫、1986年ほか）
8. Hesiod, 'Theogony', in M. L. West (ed. and trans.), Hesiod, *Theogony and Works and Days* (Oxford University Press, Oxford, 1988), ll. 215–16.（ヘシオドス『神統記』廣川洋一訳、岩波文庫、1984年ほか）
9. Tom Moylan, 'Irish Voyages and Visions: Pre-figuring, Re-configuring Utopia', *Utopian Studies*, 18, 3 (2007), pp. 299–323.

19. Michael Jeremy and Michael Ernst Robinson, *Ceremony and Symbolism in the Japanese Home* (Manchester University Press, Manchester, 1989), p. 132.
20. Janice Cavell, 'The Sea of Ice and the Icy Sea: The Arctic Frame of *Frankenstein*', *Arctic*, 70, 3 (2017), pp. 295–307.
21. Philip Pullman, *The Golden Compass* (Knopf, New York, 1995), p. 78.（フィリップ・プルマン『黄金の羅針盤』大久保寛訳、新潮文庫、2021年ほか）
22. Michael Bravo and Sverker Sörlin, 'Narrative and Practice: An Introduction', in Bravo and Sörlin (eds.), *Narrating the Arctic: A Cultural History of Nordic Scientific Practices* (Watson, Massachusetts, 2002), p. 3, and Michael Bravo, *North Pole: Nature and Culture* (Reaktion, London, 2019), pp. 21–2. 以下は Bravo のこの地域に関する明確な著作に負うところが大きい。彼の協力に感謝する。
23. Robert McGhee et al., 'Disease and the Development of Inuit Culture', *Current Anthropology*, 35, 5 (1994), pp. 565–94: p. 571.
24. MacDonald, *Arctic Sky*, pp. 169–70.
25. MacDonald, *Arctic Sky*, p. 173.
26. M. R. O'Connor, *Wayfinding: The Science and Mystery of how Humans Navigate the World* (St Martin's, New York, 2019), p. 79.
27. Chauncey C. Loomis, 'The Arctic Sublime', in U. C. Knoepflmacher and G. B. Tennyson (eds.), *Nature and the Victorian Imagination* (University of California Press, Berkeley and Los Angeles, 1977), pp. 95–112.
28. John Kofron, 'Dickens, Collins, and the Influence of the Arctic', *Dickens Studies Annual*, 40 (2009), pp. 81–93.
29. Andrew Wawn, *Vikings and the Victorians* (Boydell and Brewer, Cambridge, 2000).
30. Geoffrey G. Field, 'Nordic Racism', *Journal of the History of Ideas*, 38, 3 (1977), pp. 523–40.
31. Lisa Bloom, *Gender on Ice: American Ideologies of Polar Expeditions* (University of Minneapolis Press, Minneapolis, 1993), p. 47.
32. Commander R. E. Peary, 'The Lure of the North Pole', *Pall Mall* (1 October 1906), accessed at: https://archive.macleans.ca/ article/1906/10/01/the-lure-of-the-north-pole.
33. Peary, 'Lure'.
34. Bravo, *North Pole*, p. 186.
35. Peary, 'Lure'.
36. Frederick A. Cook, *My Attainment of the Pole* (Polar Publishing, New York, 1911), p. 27.
37. Bloom, *Gender on Ice*, p. 48.
38. Matthew Henson, *A Negro Explorer at the North Pole* (Frederick Stokes, New York, 1912), p. 136.
39. Robert Stepto, *From Behind the Veil: A Study of Afro-American Narrative* (University of Illinois Press, Urbana, 1991), p. 67.
40. Lisa E. Bloom, *Climate Change and the New Polar Aesthetics: Artists Reimagine the Arctic and Antarctic* (Duke University Press, London, 2002), p. 76.
41. Mojisola Adebayo, 'Matt Henson, North Star', in *Mojisola Adebayo: Plays One* (Oberon, London, 2011), pp. 258, 283.
42. Davidson, *The Idea of North*, p. 108.
43. Davidson, *The Idea of North*, p. 108.

com/2022/11/08/ mia-mottley-prime-minister-of-barbados-speaks-at-the-opening-ofcop27/.
25. Jean and John Comaroff, *Theory from the South: Or, How Euro-America is Evolving Toward Africa* (Routledge, London, 2012), p. 7.
26. Mojisola Adebayo, 'Moj of the Antarctic: An African Odyssey', in *Mojisola Adebayo: Plays One* (Oberon, London, 2011), p. 58.
27. Adebayo, 'Moj of the Antarctic', p. 27.
28. Comaroff and Comaroff, *Theory from the South*, pp. 27, 47.

第3章　北

1. Peter Davidson, *The Idea of North* (Reaktion Books, London, 2005).
2. Simon Armitage, *All Points North* (Penguin, London, 1998), pp. 16–17.
3. Michael Stausberg, 'Hell in Zoroastrian History', *Numen* 56, 2/3 (2009), pp. 217–53.
4. Davidson, *The Idea of North*, p. 67.
5. B. L. Gordon, 'Sacred Directions, Orientation, and the Top of the Map', *History of Religions*, 10, 3 (1971), pp. 211–27: pp. 218–20.
6. Aristotle, *Meteorologica*, trans. H. D. P. Lee (Loeb, Harvard University Press, Cambridge, Massachusetts, 1952), bk. 2, ch. 1, p. 129.（アリストテレス『気象論・宇宙について（新版）アリストテレス全集 第6巻』岩波書店、2015年ほか）
7. Aristotle, *Meteorologica*, bk 2, ch. 6.
8. Blanco and Roberts (eds. and trans.), *Herodotus*, bk 4, ch. 36, p. 182.
9. Ian Whitaker, 'The Problem of Pytheas' Thule', *The Classical Journal*, 77, 2 (1981), pp. 148–64.
10. Gordon, 'Sacred Directions', pp. 220–21; Davidson, *The Idea of North*, p. 40.
11. 'north, adv., adj., and n.', *OED Online* (Oxford University Press), Direction Words', *Historische Sprachforschung*, 121 (2008), pp. 219–25.
12. *Hamlet*, Act II scene ii.（ウィリアム・シェイクスピア『ハムレット』福田恆存訳、新潮文庫、1967年ほか）
13. 以下に掲載の Alfred Hitchcock のインタビューを参照。Peter Bogdanovich, *Who the Devil Made It* (Knopf, New York, 1997), pp. 471–557: p. 531.
14. Tom Cohen, *Hitchcock's Cryptonomies* (University of Minnesota Press, Minneapolis, 2005), p. 53. See also Stanley Cavell, 'North by Northwest', *Critical Inquiry*, 7, 4 (1981), pp. 761–76.
15. 以下のメルカトルの発言は下記の無記名記事からの引用である。'Text and Translation of the Legends of the Original Chart of the World by Gerhard Mercator Issued in 1569', *Hydrographic Review*, 9 (1932), pp. 7–45.
16. E. G. R. Taylor, 'A Letter Dated 1577 from Mercator to John Dee', *Imago Mundi*, 13 (1956), pp. 56–68: p. 57.
17. セルデン中国地図については以下を参照。Robert Batchelor, 'The Selden Map Rediscovered: A Chinese Map of East Asian Shipping Routes, c. 1619', *Imago mundi*, 65, 1 (2013), pp. 37–63, and Timothy Brook, *Mr Selden's Map of China: The Spice Trade, a Lost Chart and the South China Sea* (Profile, London, 2014).（ティモシー・ブルック『セルデンの中国地図——消えた古地図400年の謎を解く』藤井美佐子訳、太田出版、2015年）
18. Davidson, *The Idea of North*, p. 196.

7. Danilenko, *Picturing the Islamicate World*, p. 65.
8. 半球型地図とその方向および転写については以下を参照。Dale Kedwards, *The Mappae Mundi of Medieval Iceland* (Boydell & Brewer, Cambridge, 2020), pp. 23–62, 115–18, 187–91.
9. Chen, 'Cardinal Meanings', p. 235.
10. James Legge (ed. and trans.), 'The Doctrine of the Mean', in *The Chinese Classics*, vol. 1: *The Four Books: Confucian Analects, The Great Learning, The Doctrine of the Mean, and the Works of Mencius* (Clarendon Press, Oxford, 1892), pp. 389–90. I am grateful to Tim Brook for this reference.
11. Stephen A. Barney, W. J. Lewis, J. A. Beach and Oliver Berghof (eds. and trans.), *The Etymologies of Isidore of Seville* (Cambridge University Press, Cambridge, 2008), book XIII. 1. 6, p. 271.
12. Paul H. D. Kaplan, 'Magi, Winds, Continents: Dark Skin and Global Allegory in Early Modern Images', in Maryanne Cline Horowitz and Louise Arizzoli (eds.), *Bodies and Maps: Early Modern Personifications of the Continents* (Brill, Leiden, 2021), pp. 130–56.
13. Alexander Dalrymple, *An Account of the Discoveries Made in the South Pacifick Ocean, previous to 1764* (London, 1767), p. 89.
14. *Captain Cook's Journal During his first Voyage around the World made in H. M. Bark 'Endeavour', 1768–1771* (Elliot Stock, London, 1893), p. 228.（ジェームズ・クック『クック　太平洋探検』増田義郎訳、岩波文庫2004～５年ほか）
15. Merlin Coverley, *South* (Oldcastle Books, London, 2016), p. 82.
16. Alexander von Humboldt, *Personal Narrative of Travels to the Equinoctal Regions of the New Continent during the years 1799–1804*, trans. Helen Maria Williams (Carrey, Philadelphia, 1815), pp. 240–41.（アレクサンダー・フォン・フンボルト『新大陸赤道地方紀行』大野英二郎訳、荒木善太訳、岩波書店、2001～３年）これを含む資料を提供してくれた Andrea Wulf に感謝する。
17. Robert Falcon Scott, *Journals: Captain Scott's Last Expedition* (Oxford University Press, Oxford, 2005), p. 113.（R・F・スコット『スコット南極探検日誌』中田修訳、羽衣出版、2023年ほか）
18. Elizabeth Leane, *Antarctica in Fiction: Imaginative Narratives of the Far South* (Cambridge University Press, Cambridge, 2012), pp. 55–6.
19. Coverley, *South*, p. 164.
20. Aarnoud Rommens, 'Latin American Abstraction: Upending Joaquín Torres-García's *Inverted Map*', *Mosaic: An Interdisciplinary Critical Journal*, 51, 2 (2028), pp. 35–58: p. 36.
21. *North–South–A Program for Survival: The Report of the Independent Commission on International Development Issues under the Chairmanship of Willy Brandt* (MIT Press, Massachusetts, 1980). 報告書とその限界については以下を参照。Marcin Wojciech Solarz, 'North–South, Commemorating the First Brandt Report: Searching for the Contemporary Spatial Picture of the Global Rift', *Third World Quarterly*, 33, 3 (2012), pp. 559–69.
22. *North–South*, p. 7.
23. *North–South*, https://sharing.org/information-centre/reports/ brandt-report-summary.
24. https://www.lemonde.fr/en/international/article/2023/03/16/miamottley-leader-of-barbados-makes-global-south-s-concerns-heardin-the-north_6019622_4.html; https://latinarepublic.

22. Scafi, *Mapping Paradise*, p. 242.
23. 条約の全文についてはこのサイトを参照。https://avalon.law.yale.edu/15th_century/mod001.asp.
24. George Bruner Parks, *Richard Hakluyt and the English Voyages* (American Geographical Society, New York, 1928), p. 155.
25. Thomas Babington Macaulay, 'A Minute on Indian Education' (1835), quoted at: http://www.columbia.edu/itc/mealac/pritchett/00general links/macaulay/txt_minute_education_1835.html.
26. Walter Blanco and Jennifer T. Roberts (eds. and trans.), *The Histories: Herodotus* (Norton, New York, 2013), bk. 1, ch. 4, p. 6.（ヘロドトス『歴史』松平千秋訳、岩波文庫、1971年ほか）
27. Robert F. Brown and Peter C. Hodgson (eds.), *Hegel: Lectures on the Philosophy of World History*, vol. 1: *Manuscripts of the Introduction and the Lectures of 1822–1823* (Oxford University Press, Oxford, 2019), p. 211.（ヘーゲル『歴史哲学講義』長谷川宏訳、岩波文庫、1994年ほか）
28. A. L. Macfie (ed.), *Orientalism: A Reader* (Edinburgh University Press, Edinburgh, 2000), pp. 13–15.
29. Alison Stone, 'Hegel and Colonialism', *Hegel Bulletin*, 41, 2 (2020), pp. 247–70.
30. V. S. Naipaul, 'East Indian' (1965), in *Literary Occasions: Essays* (Vintage, London, 2003), pp. 38–41.
31. 最新の統計については以下のサイトを参照。https://databank.worldbank.org/home.aspx.
32. Luke S. K. Wong, 'What's in a Name? Zhongguo (or "Middle Kingdom") Reconsidered', *The Historical Journal*, 58, 3 (2015), pp. 781–804.

第2章　南

1. Susan Sontag, *The Volcano Lover: A Romance* (Jonathan Cape, London, 1992), pp. 225–7.（スーザン ソンタグ『火山に恋して——ロマンス』富山太佳夫訳、みすず書房、2001年）
2. Antonio Gramsci, 'The Southern Question' (1926), https://cpb-us-e1.wpmucdn.com/blogs.uoregon.edu/dist/f/6855/ files/2014/03/gramsci-southern-question1926-2jf8c5x.pdf, p. 4.
3. Salman Rushdie, 'In the South', *The New Yorker* (18 May 2009).
4. Maarten J. Raven, 'Egyptian Concepts of the Orientation of the Human Body', *The Journal of Egyptian Archaeology*, 91 (2005), pp. 37–53.
5. Yi-Fu Tuan, *Topophilia: A Study of Environmental Perception, Attitudes and Values* (Columbia University Press, New York, 1974), pp. 86–8.（イーフー・トゥアン『トポフィリア：人間と環境』小野有五訳、阿部一訳、せりか書房、1992年）
6. これについては、イスラムの地図作りと異文化への影響に関する最新研究を基にした。特に以下を参照。Karen C. Pinto, *Medieval Islamic Maps: An Exploration* (University of Chicago Press, Chicago, 2006), Yossef Rapoport, *Islamic Maps* (Bodleian Library, Oxford, 2020), Nadja Danilenko, *Picturing the Islamicate World* (Koninklijke Brill, Leiden, 2021), and Marietta Stephaniants, 'The Encounter of Zoroastrianism with Islam', *Philosophy East and West*, 52 (2002), pp. 159–72.

Variation', *Science Progress in the Twentieth Century*, 27, 105 (1932), pp. 82–103: p. 83.

33. Lori L. Murray and David R. Bellhouse, 'How Was Edmond Halley's Map of Magnetic Declination (1701) Constructed?', *Imago Mundi*, 69, 1 (2017), pp. 72–84.

第1章　東

1. David N. Keightley, *The Ancestral Landscape: Time, Space, and Community in Late Shang China* (ca. 1200–1045 BC) (University of California Press, Berkeley, 2000), p. 27.
2. Qun Rene Chen, 'Cardinal Meanings in Chinese Language: Their Cultural, Social and Symbolic Meanings', *ETC: A Review of General Semantics*, 66, 2 (2009), pp. 225–39.
3. Yoshitake, 'Japanese Names for the Four Cardinal Points', pp. 99–100.
4. Chen, 'Cardinal Meanings', p. 236.
5. Paul F. Bradshaw, *Daily Prayer in the Early Church: A Study of the Origin and Development of the Divine Office* (Wipf and Stock, Oregon, 1981), p. 11.
6. Here and all subsequent references are to the King James Bible. 以後すべての引用は『欽定訳聖書』から
7. James Donaldson et al. (ed.), *The Sacred Writings of Apostolic Teaching and Constitution* (Verlag, Augsburg, 2012), p. 55.
8. Franz Landsberger, 'The Sacred Direction in Synagogue and Church', *Hebrew Union College Annual*, 28 (1957), pp. 181–203: p. 196.
9. https://kupdf.net/download/the-spirit-of-the-liturgy-cardinaljoseph-ratzinger_598c2e1adc0d602114300d19_pdf
10. Alessandro Scafi, *Mapping Paradise: A History of Heaven on Earth* (British Library, London, 2006), p. 125.
11. Jerry Brotton, *A History of the World in Twelve Maps* (Penguin, London, 2012), p. 104.（ジェリー・ブロトン『世界地図が語る12の歴史物語』西澤正明訳、バジリコ、2015年）
12. Scafi, *Mapping Paradise*, pp. 126–7.
13. 同上。
14. Mustafa Yilmaz and Ibrahim Tiryakioglu, 'The Astronomical Orientation of the Historical Grand Mosques in Anatolia (Turkey)', *Archive for History of Exact Sciences*, 72, 6 (2018), pp. 565–90: p. 567.
15. Yilmaz and Tiryakioglu, 'Astronomical Orientation', pp. 568–9.
16. Bassett, 'Indigenous Mapmaking', pp. 39–40.
17. Sigmund Eisner (ed.), *A Treatise on the Astrolabe by Geoffrey Chaucer* (University of Oklahoma Press, Norman, 2002), p. 120.
18. Suzanne Conklin Akbari, *Idols in the East: European Representations of Islam and the Orient, 1100–1450* (Cornell University Press, Ithaca, 2009), pp. 48–9.
19. Marco Polo, *The Travels*, trans. Ronald Latham (Penguin, London, 1958), p. 33.（マルコ・ポーロ『東方見聞録』青木富太郎訳、河出書房新社、2022年ほか）
20. Suzanne Conklin Akbari and Amilcare Iannucci (eds.), *Marco Polo and the Encounter of East and West* (University of Toronto Press, Toronto, 2008).
21. Delno C. West, 'Christopher Columbus, Lost Biblical Sites and the Last Crusade', *The Catholic Historical Review*, 78, 4 (1992), pp. 519–41: p. 521.

12. John B. Haviland, 'Guugu Yimithirr Cardinal Directions', *Ethos*, 26, 1 (1998), pp. 25–47.
13. Cecil H. Brown, 'Where do Cardinal Directions Come From?', *Anthropological Linguistics*, 25, 2 (1983), pp. 121–61.
14. Lusekelo, 'Terms for Cardinal Directions in Eastern Bantu Languages', and Angelika Mietzner and Helma Pasch, 'Expressions of Cardinal Directions in Nilotic and Ubangian Languages', *SKASE Journal of Theoretical Linguistics*, 4, 3 (2007), pp. 1–16.
15. 以下に示すメソアメリカの四方位については、Miguel Leon-Portilla, *Aztec Thought and Culture: A Study of the Ancient Nahuatl Mind* (University of Oklahoma Press, Norman, Oklahoma, 1963) を参照した。pp. 25–61. Dr Caroline Dodds Pennock のご教示に感謝する。
16. Theophrastus, 'On Winds', in Victor Coutant and Val L. Eichenlaub (eds. and trans.), *Theophrastus: De Ventis* (University of Notre Dame Press, Notre Dame, Indiana, 1975), p. 3, quoted in Barbara Obrist, 'Wind Diagrams and Medieval Cosmology', *Speculum*, 72, 1 (1997), pp. 33–84: p. 38.
17. Alessandro Nova, 'The Role of the Winds in Architectural Theory from Vitruvius to Scamozzi', in Barbara Kenda (ed.), *Aeolian Winds and the Spirit in Renaissance Architecture* (Routledge, London, 2006), pp. 70–86: pp. 71–2.
18. John MacDonald, *The Arctic Sky: Inuit Astronomy, Star Lore, and Legend* (Royal Ontario Museum, Toronto, 1998), pp. 173–82.
19. A. K. Brown, 'The English Compass Points', *Medium Ævum*, 47, 2 (1978), pp. 221–46.
20. G. J. Marcus, 'Hafvilla: A Note on Norse Navigation', *Speculum*, 30, 4 (1955), pp. 601–5.
21. Tatjana N. Jackson, 'On the Old Norse System of Spatial Orientation', *Saga-Book: The Viking Society for Northern Research*, 25 (1998–2001), pp. 72–82.
22. 磁力の一般的な歴史については Gillian Turner, *North Pole, South Pole: The Epic Quest to Solve the Great Mystery of Earth's Magnetism* (The Experiment, New York, 2010) を参照。
23. Petra Schmidl, 'Two Early Arabic Sources on the Magnetic Compass', *Journal of Arabic and Islamic Studies*, 1 (2017), pp. 81–132.
24. Thomas Wright (ed.), *Alexandri Neckam, De Naturis Rerum* (London, 1863), p. xxxiv.
25. E. G. R. Taylor, *The Haven-Finding Art: A History of Navigation from Odysseus to Captain Cook* (Hollis and Carter, London, 1956), p. 100.
26. Peregrinus, *The Letter of Petrus Peregrinus, 'On the Magnet', A.D. 1269*, trans. Brother Arnold (McGraw, New York, 1904), p. 8.
27. Peregrinus, *'On the Magnet'*, pp. 10–11.
28. Peregrinus, *'On the Magnet'*, p. 19.
29. 17世紀のイギリスの出版業者であり地図製作者である John Seller については以下を参照。Deborah Warner, 'Terrestrial Magnetism: For the Glory of God and the Benefit of Mankind', Osiris, 9 (1994), pp. 66–84: p. 73.
30. Stephen Pumfrey, *Latitude and the Magnetic Earth* (Icon Books, London, 2002).
31. William Gilbert, 'Preface' in *On the Magnet*, ed. Derek J. Price, trans. P. F. Mottelay (Dover, New York, 1958)（ウィリアム・ギルバート『磁石（および電気）論』板倉聖宣訳、仮説社、2008年）, Jim Bennett, 'Cosmology and the Magnetic Philosophy', *Journal of the History of Astronomy*, 12 (1981), pp. 165–77.
32. N. H. de Vaudrey Heathcote, 'Christopher Columbus and the Discovery of Magnetic

原　注

オリエンテーション

1. Al Reinert, 'The Blue Marble Shot: Our First Complete Photograph of Earth', *The Atlantic* (12 April 2011).
2. Ludwig Wittgenstein, *Philosophical Investigations*, ed. and trans. G. E. M. Anscombe, P. M. S. Hacker and Joachim Schulte (Blackwell, Oxford, 2009).（ルートウィッヒ・ウィトゲンシュタイン『哲学探究』鬼界彰夫訳、講談社、2020年ほか）
3. Michael Bond, *Wayfinding: The Art and Science of How We Find and Lose Our Way* 参照 (Pan Macmillan, London, 2020), p. 94.（マイケル・ボンド『失われゆく我々の内なる地図——空間認知の隠れた役割』竹内和世訳、白揚社、2022年）
4. Bond, *Wayfinding*, p. 84.
5. David Barrie, *Incredible Journey: Exploring the Wonders of Animal Navigation* (Hodder, London, 2019)（デイビッド・バリー『動物たちのナビゲーションの謎を解く——なぜ迷わずに道を見つけられるのか』熊谷玲美訳、インターシフト、2022年）; Carol Grant Gould and James L. Gould, *Nature's Compass: The Mystery of Animal Navigation* (Princeton University Press, Princeton, 2012).
6. S. Yoshitake, 'Japanese Names for the Four Cardinal Points', *Bulletin of the School of Oriental Studies*, University of London, 7, 1 (1933), pp. 91–103.
7. Amani Lusekelo, 'Terms for Cardinal Directions in Eastern Bantu Languages', *Journal of Humanities* (Zomba), 26 (2018), pp. 49–71: pp. 57–8.
8. Thomas J. Bassett, 'Indigenous Mapmaking in Intertropical Africa', in *The History of Cartography*, vol. 2, bk 3: *Cartography in the Traditional African, American, Arctic, Australian, and Pacific Societies*, ed. David Woodward and G. Malcolm Lewis (Chicago University Press, Chicago, 1998), pp. 24–48: p. 26.
9. Yigal Levin, 'Nimrod the Mighty, King of Kish, King of Sumer and Akkad', *Vetus Testamentum*, 52 (2002), pp. 350–66: p. 360.
10. 下記ページのガスール地図については A. R. Millard, 'Cartography in the Ancient Near East', in *The History of Cartography*, vol. 1: *Cartography in Prehistoric, Ancient, and Medieval Europe and the Mediterranean*, ed. J. B. Harley and David Woodward (Chicago University Press, Chicago, 1987); Ruth Josie Wheat, *Terrestrial Cartography in Ancient Mesopotamia*, PhD thesis, University of Birmingham, 2012; and Nadezhda Freedman, 'The Nuzi Ebla', *The Biblical Archaeologist*, 40, 1 (1977) p. 32を参照。この地図についての専門知識をEメールでご教示くださったProfessor Millardに感謝する。
11. E. Unger, 'Ancient Babylonian Maps and Plans', *Antiquity*, 9 (1935), pp. 311–22; J. Neumann, 'The Winds in the World of the Ancient Mesopotamian Civilizations', *Bulletin of the American Meteorological Society*, 58, 10 (1977), pp. 1050–55; and Wayne Horowitz, *Mesopotamian Cosmography* (Eisenbrauns, Winona Lake, Indiana, 1998).

【ラ行】

【ワ行】

【アルファベット】

【マ行】

【ヤ行】

【ナ行】

【ハ行】

【タ 行】

【サ行】

【カ行】

索引

【ア 行】

FOUR POINTS OF THE COMPASS: The unexpected History of Direction
by Jerry Brotton

First published as FOUR POINTS OF THE COMPASS in 2024 by Allen Lane, an imprint of Penguin Press. Penguin Press is part of the Penguin Random House group of companies.

Japanese translation published by arrangement with Penguin Books Ltd. through The English Agency (Japan) Ltd.

【訳者】米山裕子（よねやま ひろこ）
英日翻訳者。1961年生まれ。訳書に、キンナ『アナキズムの歴史——支配に抗する思想と運動』、デレズウィッツ『優秀なる羊たち——米国エリート教育の失敗に学ぶ』、アルペロビッツ『原爆投下決断の内幕——悲劇のヒロシマナガサキ』（共訳）ほか多数。

東西南北《とうざいなんぼく》「方位《ほうい》」の世界史《せかいし》

2025年２月18日　初版印刷
2025年２月28日　初版発行

著　者　ジェリー・ブロットン
訳　者　米山裕子
装　幀　岩瀬聡
発行者　小野寺優
発行所　株式会社河出書房新社
〒162-8544 東京都新宿区東五軒町2-13
電話 03-3404-1201［営業］ 03-3404-8611［編集］
https://www.kawade.co.jp/
組　版　株式会社創都
印　刷　株式会社亨有堂印刷所
製　本　大口製本印刷株式会社

Printed in Japan
ISBN978-4-309-22954-6